CADMOS HUNDEPRAXIS

Fit für die Begleithundprüfung

CADMOS HUNDEPRAXIS

Lesen
Lernen
Wissen

CHRISTIN KAITER

Fit für die Begleithundprüfung

Richtig trainieren – erfolgreich bestehen

CADMOS

Impressum

Copyright © 2007 by Cadmos Verlag GmbH, Brunsbek
Gestaltung und Satz: Grafikdesign Weber, Bremen
Titelfoto: Dr. Jochen Becker
Fotos: Christiane Pinnekamp
Lektorat: Dorothee Dahl
Druck: LVDM, Linz

Printed in Austria

ISBN 978-3-86127-751-4

Vorwort

Heute ist die Begleithundprüfung schon viel mehr als nur Unterordnung, sie ist die Voraussetzung, um bei vielen Hundesportarten an Prüfungen und Turnieren teilnehmen zu können, zum Beispiel beim Agility, Schutzhundesport (VPG), Obedience oder Turnierhundesport. Daher kann man sagen, dass die Begleithundprüfung die wichtigste Prüfung ist, denn das Bestehen dieser Prüfung ist für alle weiteren Prüfungen die Basis. Dieses Buch soll Ihnen dazu verhelfen, die Begleithundprüfung erfolgreich zu absolvieren und damit den Grundstein für eine weitere erfolgreiche Hundesportausbildung zu legen. Hier wird alles Schritt für Schritt erklärt, sodass es auch für Anfänger einfach zu verstehen und zu trainieren ist. Durch das Training für die Begleithundprüfung wird eine Bindung zwischen Mensch und Hund aufgebaut, die auch für die nachfolgende Ausbildung von sehr großer Bedeutung ist. Ich wünsche Ihnen viel Spaß beim Lesen und Trainieren mit Ihrem Hund, und für die weitere sportliche Ausbildung alles Gute.

Christin Kaiter

Das kann man sehen: Diese beiden sind schon ein richtig gutes Team.

Grundwissen und Grundtraining

Um das Training für die Begleithundprüfung durchführen zu können, benötigt man einige grundsätzliche Informationen über das Lernverhalten und die Erziehung des Hundes. Neben einer erfolgreich bestandenen Prüfung erreicht man mit dem richtigen Training auch, dass man seinen Hund besser kennenlernt, um im Alltag und möglicherweise auch im Hundesport ein gutes Team zu werden.

Warum eine Begleithundprüfung?

Wie schon gesagt ist die Begleithundprüfung der Grundstein für die weitere sportliche Ausbildung Ihres Hundes und auch Voraussetzung. Sie sind geradezu gezwungen, diese Prüfung erfolgreich zu absolvieren, wenn Sie an Wettkämpfen teilnehmen möchten. Dennoch

Archie ist zwar schon zehn Monate alt, hat aber auch von Anfang an das richtige Training erhalten. Er kommt begeistert angerannt, wenn er gerufen wird.

sollten Sie die Begleithundprüfung nicht als lästiges Übel sehen, das man hinter sich bringen muss, sondern eher als Einstieg in die Welt des Hundesports. Durch das Training für diese Prüfung lernen Sie Ihren Hund besser kennen und können so spätere Aufgaben, wie zum Beispiel beim Turnierhundesport, besser bewältigen.

Im Welpenalter beginnen

In vielen Hundeschulen, die dem DVG angehören, wird schon in der Welpenschule, zwar spielerisch, aber dennoch systematisch, auf die Begleithundprüfung (BH) vorbereitet. Dieses Buch soll eine sinnvolle Ergänzung zum Training auf dem Hundeplatz sein und Ihnen ermöglichen, auch zu Hause erfolgreich trainieren zu können. In der Welpenspielgruppe beginnt man meistens mit dem Kommando „Fuß" und dem Anbinden an einem Zaun oder Ähnlichem – dies ist eine Vorübung für das spätere Ablegen. Zwischendurch gibt es viele Spielpausen, sodass die Welpen nicht überfordert werden. Dies ist sehr wichtig beim Training mit Welpen, da ein Hund, der in seiner Welpenzeit überfordert wurde, nicht so schnell lernt wie ein Hund, der als Welpe nicht über seine Grenzen hinausgehen musste. Die Arbeit bleibt so für die kleinen Hunde spannend und abwechslungsreich. Wenn Hunde überfordert werden, gehen sie, je öfter eine Überforderung stattfindet, immer negativer an das Training heran, sodass das Training immer schwerer für das Mensch-Hund-Team wird. Man befindet sich dann irgendwann in einem Teufelskreis: Da der Hund keinen Spaß am Training hat, verliert auch der Hundeführer zunehmend den Spaß an der gemein-samen Arbeit, und diese negative Stimmung überträgt sich wiederum auf den Hund. Wer aber im Welpenalter gut mit seinem Hund arbeitet, hat es später leichter, da der Hund das Arbeiten schon kennenlernen konnte.

Hilfsmittel für das Training

Sie sollten möglichst alte Kleidung tragen, in der Sie sich gut bewegen können. Bei schlechtem Wetter sollte man auch an eine Jacke zum Wechseln denken.

Für den Hund empfehle ich entweder ein dickes Halsband (es schont den Kehlkopf) oder ein Zughalsband mit großen Gliedern. Die Leine sollte an einem der

Bevor man mit dem Training für die Begleithundprüfung beginnt, sollte man sich alles zusammensuchen, was man braucht.

dicken Glieder befestigt werden, sodass sich das Halsband nicht zusammenzieht. Dies ist weder erforderlich noch wünschenswert. Die Leine sollte ungefähr 1,00 bis 1,20 Meter lang sein und am Ende eine Schlaufe haben. Diese Leine benötigen Sie auf jeden Fall für die Prüfung, ebenso das Zughalsband. Für das Training empfehle ich eine dünne, etwa 1,40 Meter lange Leine ohne Schlaufe und für Welpen und Junghunde auf jeden Fall ein dickes Halsband. Bei älteren Hunden kann auch das Zughalsband verwendet werden.

Je nachdem, für welche Lernmethode Sie sich für Ihren Hund entscheiden, benötigen Sie eventuell noch Spielzeug, Leckerchen oder Clicker.

Wo und wie oft trainieren?

Ich halte es für ausreichend, wenn man zweimal pro Woche mit dem Hund auf einem Übungsplatz trainiert. Für die Begleithundprüfung kann man bei jedem Verein üben, der dem VDH angehört, zum Beispiel beim DVG (Deutscher Verband der Gebrauchshundesportvereine) oder beim SV (Schäferhund Verein). Seien Sie aber bitte wachsam, wenn Sie sich für einen Verein entscheiden. Gehen Sie dort mit Ihrem Hund hin, um nur zuzuschauen. Achten Sie darauf, wie die Leute mit Ihnen und Ihrem Hund als Gast umgehen. Werden Sie und Ihr Hund begrüßt oder vielleicht sogar ignoriert? In jedem guten Verein werden Sie und Ihr Hund herzlich aufgenommen. Verwechseln Sie echte Freundlichkeit aber nicht mit zielorientiertem Umwerben, das nur gezeigt wird, damit Sie in den Verein eintreten und Ihr Geld dortlassen. Daher rate ich dazu, Probestunden in Anspruch zu nehmen und sich ein ganz genaues Bild vom Verein, den Hunden und Mitgliedern und vor allem von den Trainern zu machen. Bei einem guten Hundeplatz sollte der Übungsplatz eingezäunt sein, und es sollte ein gemütliches Vereinsheim geben, das nicht unbedingt wie ein Schuppen aussehen sollte, denn auch ein liebevoll gestaltetes Vereinsheim spiegelt die Menschen dort in gewisser Weise wider. Befragen Sie auch ruhig die Trainer, warum sie gerade diesen Tipp bei einem Problem gaben oder warum diese eine Übung gerade so trainiert wird. Seien Sie auf jeden Fall wachsam und suchen Sie sich einen Verein, in dem Sie und Ihr Hund sich wohlfühlen. Es kann auch passieren, dass Sie sich mit den Hundesportlern des Vereins verstehen, aber nicht so recht mit den Trainingsmethoden warm werden. Wenn Sie ein erfahrener Hundesportler sind, können Sie dort trainieren und Ihre eigenen Trainingsmethoden anwenden. Sollten Sie jedoch Anfänger sein, machen Sie um solche Vereine einen Bogen, da Sie als Anfänger am meisten gefährdet sind, etwas falsch zu machen. Wenn dann auch noch falsche Trainingsmethoden auf dem Platz angewandt werden, kann das schnell für Sie und Ihren Hund ein Problem werden. Jemand, der erfahren im Hundesport ist, hat mit solchen Tatsachen weniger Probleme, da er genau weiß, wie sich die Trainingsmethoden auf den Hund auswirken. Ein Anfänger ist noch nicht in der Lage, alles so genau zu beachten, da ihm dafür die Erfahrung fehlt. Daher sollten besonders Anfänger, wenn möglich, einen erfahrenen Hundesportler zu dem ausgewählten Platz mitnehmen, da er

Beim Training auf einem guten Hundeplatz ist man nicht allein und kann außerdem noch jede Menge Spaß haben.

ihnen mit seinem Fachwissen garantiert gut beratend zur Seite stehen kann.

Über Rangordnung und Hundesprache

Damit wir unseren Hund gut und vor allem richtig trainieren können, müssen wir auch etwas über das Verhalten und die Sprache des Hundes wissen. Erst einmal ist es sehr wichtig, sich klarzumachen, dass Hunde in einer Hierarchie und nicht in einer Demokratie leben! Diese Tatsache wird immer noch von vielen Hundehaltern vergessen, als nicht wichtig erachtet, oder sie wissen es nicht. Dennoch: Um einen Hund artgerecht halten zu können, muss diese Hierarchie eingehalten werden, bei der der Mensch an der Spitze steht! Der Hund hat sich am Menschen zu orientieren und nicht umgekehrt. Hunde sind so veranlagt, dass sie oft nur etwas tun, was sich für sie lohnt. Wir können uns dies zunutze machen, indem der Hund mit einem Leckerli oder Ball belohnt wird, wenn er etwas tut, was wir möchten. Somit lohnt es sich für den Hund und für uns gleichermaßen. Daher kann man sagen, dass ein Hund, der nicht das tut, was der Halter will, oft ein Rangordnungsproblem hat oder falsch mit ihm umgegangen wird. Ich meine mit falsch keine Gewaltanwendungen am Tier, sondern den grundsätzlichen Umgang. Erhält der Hund zum Beispiel vor oder

Es ist nicht immer leicht, die Körpersprache des Hundes zu deuten, vor allem, wenn er, wie Tibet Terrier Tobie, so viel Fell hat. Im Moment wartet er aufmerksam ab, was als Nächstes passiert.

gleichzeitig mit der Mahlzeit des Halters sein Fressen? Bestimmt der Hund, wann es zum Gassigehen losgeht, weil er wartend an der Tür steht und der Halter darauf eingeht? Nicht selten wirkt sich diese falsche Haltung des Hundes auch auf das Training für unsere Begleithundprüfung aus, wenn der Hund unaufmerksam ist. Diese Unaufmerksamkeit darf aber auf keinen Fall mit der Unaufmerksamkeit verwechselt werden, die der Hund zeigt, wenn er überfordert wurde. Das ist sehr wichtig, da es sonst leicht zu Fehlern kommen kann. Der Halter denkt vielleicht, sein Hund höre nicht auf ihn, weil er ungehorsam ist. Eigentlich ist es aber die Überforderung, die zu einer Unaufmerksamkeit führt.

Nun etwas zur Sprache des Hundes: Hunde „sprechen" mit ihrem Körper, mit der Mimik und zum Teil auch durch Laute. Um den Hund richtig trainieren zu können, ist ein gewisses Grundwissen über die Sprache des Hundes von großer Bedeutung! Wie wollen wir Unsicherheit entgegenwirken, wenn wir nicht wissen, wann der Hund unsicher ist? Im Folgenden deshalb die wichtigsten körpersprachlichen Signale des Hundes, die auch für das Training relevant sind.

Freude, Unsicherheit und Angst

Wenn Hunde sich freuen, bewegt sich die ganze Rute (Fachausdruck für den Schwanz des Hundes) stark nach rechts und links und zum Teil auch kreisend. Viele Hunde springen auch aus Übermut an ihren Besitzern oder den Trainern hoch, was als positives Signal für den Hundeplatz und den Trainer gewertet werden kann.

Wenn Hunde unsicher sind, bewegen sie die Rute meistens nur an der Spitze etwas nach rechts und links. Diese leichte Bewegung der Spitze wird von vielen Hundehaltern als Freude interpretiert, was aber absolut falsch ist! Es ist wichtig zu wissen, dass man einer Unsicherheit immer entgegenwirken kann (was man auch unbedingt tun sollte), da aus der Unsicherheit sonst schnell Angst werden kann, die dann schwerer zu bekämpfen ist. Bei Unsicherheit oder Angst sind die Augen des Hundes weit geöffnet, die Maulwinkel sind in einer geraden Linie weit nach hinten gezogen, und viele Hunde knicken in den Vorderläufen ab. Die Angst ist eine starke Verunsicherung, der man oft kaum noch entgegenwirken kann. Viele Hunde geraten in Panik oder versuchen wegzulaufen oder zu beißen. Daher ist zum Beispiel der Tierarztbesuch für viele Mensch-Hund-Teams reiner Stress. Gegen die anfängliche Unsicherheit wurde nichts unternommen oder der Hund hat schlechte Erfahrungen gemacht (eine schmerzhafte Operation zum Beispiel, oder eine Spritze, die ihm besonders wehgetan hat). Aus diesen ganzen Unsicherheiten wurde dann die Angst, die der Hund heute in der Praxis zeigt. Leider müssen diese Hunde dann oft einen Maulkorb tragen, was für sie noch beängstigender ist oder sie noch aggressiver werden lässt.

! Überforderung kann zu Unaufmerksamkeit führen

Spielaufforderung und Dominanz

Wenn ein Hund einen Artgenossen oder einen Menschen zum Spielen auffordert, knicken die Vorderläufe oft so weit ab, dass nur noch die Hinterhand gerade nach oben steht, was dann einer Verbeugung ähnelt. Die Bewegungen sehen oft unkoordiniert aus, wenn die Hunde im Laufen ihre Pfoten in die Luft schleudern (wie der spanische Schritt im Reitsport) und sich dabei schnell vorwärtsbewegen. Dominanzgesten zeigen Hunde ihren Haltern wie auch anderen Hunden gegenüber. Dominanzgesten sind zum Beispiel: den Kopf auf den Rücken eines anderen Hundes oder auf das Knie eines Menschen legen oder dem Halter das Essen wegnehmen. Auch wenn der Hund etwas (zum Beispiel

Solange die Hunde an der Leine sind, sollten sie keinen direkten Kontakt zu Artgenossen haben.

eine Liegedecke oder ein Sofa) mit Knurren oder gar Beißen verteidigt, ist dies als deutliche Dominanzgeste zu werten. Wenn der Hund diese genannten Gesten seinem Halter gegenüber zeigt, ist in der Rangordnung absolut gar nichts in Ordnung! Hunde, die so etwas tun, sind entweder schon längst der Chef im Rudel oder wollen ihren Rang austesten, wie es oft junge Hunde in der Flegelphase tun und ausprobieren. Gegen solche Gesten müssen sofort die richtigen Maßnahmen getroffen werden. Wenn der Hund Sie anknurrt, nur weil Sie sich zu ihm auf das Sofa setzen wollen, sollte der Hund ab sofort ein striktes Sofaverbot erhalten, was dann auch konsequent vom Halter durchgezogen werden muss. Oft treten Dominanzgesten anderen Hunden gegenüber verstärkt an der Leine auf, da sich die meisten Hunde dann sicherer fühlen. Daher sollten Hunde generell keinen direkten Kontakt zu Artgenossen haben, solange sie an der Leine sind.

Aufmerksamkeit und Entspannung

Wenn Hunde aufmerksam sind, beobachten sie ihren Halter hoch konzentriert, interessiert und abwartend, was denn da jetzt kommen mag. Die Maulwinkel sind entspannt und die Augen schauen Sie ganz normal an. Die Rute wird, je nach Rassestandard, normal getragen. Wenn Hunde sich beim Streicheln völlig entspannen, schließen sie oft die Augen und genießen es einfach. Aufmerksamkeit sollte auf keinen Fall mit Fixieren verwechselt

Aufmerksam und konzentriert schaut Hovawart Gianni seine Besitzerin an.

werden. Border Collies fixieren Schafe, wenn sie mit diesen arbeiten. Wenn der Hund etwas fixiert, hat er seine Augen stark auf dieses Objekt gerichtet und ist auch nicht mehr davon abzubringen. Die Ohren stehen weit nach vorn, und viele Hunde (zum Beispiel Border Collies) machen sich ganz klein und gehen

Vorsicht bei der Bewertung von Beschwichtigungssignalen: So wie bei dieser französischen Bulldogge bedeutet nicht jedes Hecheln gleich Stress. Sie hechelt vermutlich, weil es warm ist.

nah am Boden, während andere hocherhobenen Hauptes fixieren. Die Rute hängt hinab oder wird oben getragen.

Beschwichtigungssignale

Die Beschwichtigungssignale haben eine sehr große Bedeutung für das Training mit unserem Hund. Diese Signale sind auch unter dem Namen „Calming Signals“ bekannt. Durch diese Signale versucht der Hund, eine ihm unangenehme Situation zu entschärfen. Calming Signals können sein:

- Gähnen
- Augenzwinkern oder Zusammenkneifen der Augen
- Pfote heben (wie beim Pfötchengeben)
- Wegschauen
- Hecheln
- Starker Speichelfluss, obwohl kein Futter in der Nähe ist

Diese Signale können Sie bei Stresssituationen beobachten, wie zum Beispiel bei einer Prüfung, in einem Geschäft mit vielen Menschen oder in sonstigen ungewohnten Situationen. Auch werden diese Signale gezeigt, wenn der Hund überfordert ist. Stress ist normal und auch wichtig für Hunde, auch schon für Welpen, aber Stress in einem hohen Maße ist nicht gut. Zeigt der Hund in einer Trainingsstunde viele der Beschwichtigungssignale, brechen Sie das Training besser ab oder machen eine Pause und trainieren eventuell später noch einmal weiter. Oft sind die Hunde überfordert. Aus dieser Überforderung heraus zeigen sie sich dann lustlos, was den Besitzer möglicherweise wütend macht, weil das Training nicht so klappt, wie er es sich vorgestellt hatte. Durch die Wut des Besitzers kommt zu der Überforderung beim Hund noch Unsicherheit hinzu,wodurch dann jede Aufnahmefähigkeit des Hundes zusammenbricht und sich ein Teufelskreis entwickelt. Bevor es zu solch einer Extremsituation kommt, sollte man das Training mit einer positiv verlaufenden Übung beenden.

Wie Hunde lernen

Hunde lernen durch positive Verknüpfung. Wenn sie also für ein von uns gewünschtes Verhalten belohnt werden mit Lob, Leckerli oder Spiel, behalten sie dieses Verhalten in positiver Erinnerung und werden es beim nächsten Mal schneller zeigen, da sie eine Belohnung erwarten. Dieses erwartungsvolle Verhalten lässt sich auch gut mit dem Clicker unterstützen, aber dazu später mehr. Hunde lernen auch durch negatives Verhalten, welches aber nicht in der Ausbildung angewandt werden sollte. Hier aber dennoch mal ein Beispiel: Wir möchten nicht, dass der Hund in unser Bett geht. Aber dann erwischen wir ihn dennoch im Bett und schimpfen ihn aus. Der Hund verknüpft jetzt das Bett mit etwas Negativem (Schimpfen) und wird es nicht mehr benutzen. Der Hund hat also gelernt. Wenn unser Hund beim Training etwas falsch machen sollte, kommt höchstens ein freundliches „Falsch“, aber niemals ein „Nein“. Richtiges Verhalten wird belohnt, zum Beispiel mit einem Leckerli. Alles, womit Sie Ihren Hund auf sich aufmerksam machen, nennt sich

!

Hunde lernen durch positive Verknüpfung

Motivation beziehungsweise motivieren. Diese beiden Worte stammen vom lateinischen „movere", das heißt in Bewegung bringen, bewegen ab. Mit der Motivation wollen Sie also den Hund in Bewegung bringen und somit auf Sie aufmerksam machen, damit Sie überhaupt mit ihm trainieren können. Um den Hund aufmerksam zu machen, müssen auch Sie sich bewegen; somit gilt das Wort „movere" für den Hundeführer und den Hund, denn wenn Sie keinerlei Aktionen zeigen, wird der Hund auch nicht bereit sein, eigene Aktionen zu zeigen, und Sie können Ihrem Hund nichts beibringen, wenn er kein Interesse an dem Ball oder dem Leckerli hat. Im Folgenden stelle ich einige Hilfsmittel vor, die Sie einsetzen können, um Ihren Hund positiv zu bestärken.

Hunde lernen rückwärts

Man hat herausgefunden, dass Hunde am besten lernen, wenn ihnen Übungen in kleinen Schritten und in der verkehrten Reihenfolge, also rückwärts, beigebracht werden. Dies möchte ich an einem Beispiel erklären: Die Übung Platz aus der Bewegung besteht aus fünf Schritten. Als Erstes muss der Hund sich auf das Kommando Platz hinlegen (erster Schritt), danach entfernen wir uns von dem Hund, und er muss liegen bleiben (zweiter Schritt), dann rufen wir den Hund zu uns (dritter Schritt), danach soll er sich vor uns setzen (vierter Schritt) und sich anschließend auf ein Kommando hin neben uns setzen (fünfter Schritt). Wollen wir dem Hund nun die komplette Übung Platz aus der Bewegung beibringen, würden wir mit der Grundstellung (Hund sitzt eng am linken Bein des Hundeführers) beginnen. Danach würden wir das Vorsitzen (der Hund sitzt frontal und nah vor dem Hundeführer) trainieren. Wenn der Hund das Vorsitzen kann, könnte man das Vorsitzen schon mit der Grundstellung kombinieren. Danach würden wir dem Hund das Herankommen auf Zuruf beibringen. Wenn er auch das kann, können wir schon Herankommen, Vorsitzen und Grundstellung kombinieren. Anschließend würden wir das Bleiben üben, sodass der Hund lernt, dass er erst auf unser Kommando hin aufstehen und zu uns kommen darf (herankommen). Ganz zum Schluss würde der Hund dann das Hinlegen auf Kommando lernen, während wir ohne zu stoppen weitergehen. Erst wenn der Hund diese ganzen Teilschritte perfekt beherrscht, werden wir sie ihm in der richtigen Reihenfolge abverlangen, also alle Übungen kombinieren: Platz, Bleiben, Herankommen, Vorsitzen und Grundstellung.

Der Clicker

Der Clicker ist mittlerweile sehr bekannt und verbreitet. Er ist eine Art Knackfrosch, der ein klickendes Geräusch von sich gibt, wenn man auf die Metallplatte drückt. Nach einem Klick folgt immer ein Leckerli. Der Vorteil des Clickers ist der, dass man den Hund auch auf eine weitere Entfernung belohnen kann, denn er verbindet das Klicken mit der Erfahrung, dass er etwas richtig gemacht hat. Der Hund benötigt also nicht mehr im richtigen Moment ein Leckerli, da im richtigen Moment ein Klicken ertönt, das Leckerli kann somit auch einen Augenblick später gegeben werden. Hier ein Beispiel: Wir haben den Hund ins Platz

Clicker sehen so ähnlich aus wie Knackfrösche und geben beim Druck auf die Metallplatte ein klickendes Geräusch von sich.

gelegt und uns ein paar Schritte entfernt. Da der Hund gut liegen bleibt, klicken wir zur Bestätigung aus einer Entfernung von etwa zehn Metern, bewegen uns nach dem Klicken sofort wieder auf den Hund zu und er bekommt sein Leckerli. Der Hund hat sein Leckerli später erhalten, wurde aber dank des Clickers im richtigen Moment bestätigt. Wichtig ist, dass der Clicker wirklich nur zur Bestätigung eines Verhaltens des Hundes eingesetzt wird und nicht willkürlich geklickt wird, nur um die Aufmerksamkeit des Hundes zu bekommen. Wenn der Hund einmal weiß, was ein Klick bedeutet, werden Sie sofort seine volle Aufmerksamkeit genießen können, dennoch sollte das Klicken nicht dazu genutzt werden, Aufmerksamkeit zu bekommen. Wie aber bringe ich nun meinem Hund bei, dass das Klicken eine Bestätigung darstellt? Um dem Hund dies zu verdeutlichen, gehen wir in folgenden Schritten vor:

• Schritt eins:

Der Hund befindet sich vor uns, und wir klicken, danach bekommt der Hund sofort ein Leckerli. Diesen Vorgang wiederholen wir einige Male. Schon bald werden Sie merken, dass der Hund Sie sofort anschaut, nachdem Sie geklickt haben. Er hat schon verstanden, dass nach dem Klick ein Leckerli folgt.

• Schritt zwei:

Wenn unser Hund schon irgendein Kommando beherrscht, wäre dies jetzt der zweite Schritt. Geben Sie Ihrem Hund das Kommando, zum Beispiel zum Sitz. Wenn der Hund gerade mit seinem

Training mit Futter

Wenn Sie den Hund mit Futter belohnen, sollten diese Futterhäppchen ganz klein sein, sodass der Hund sie schnell fressen kann, denn mit kleinen Futterhäppchen (am besten Käse oder Wurst) kann der Hund

Mmmh, das schmeckt! Tibet Terrier Sammy freut sich über die Futterhäppchen. Wenn diese zur Belohnung gegeben werden, sollten sie ganz klein sein, damit der Hund sie schnell fressen kann.

schneller lernen. Hilfreich kann auch ein sogenannter Jackpot sein, den der Hund nur bei einer ganz besonderen Leistung erhält. Jedoch darf der Jackpot nur selten gegeben werden, da der Hund sonst das Interesse daran verliert. Ein zu selten gegebener Jackpot kann ebenfalls Lustlosigkeit zur Folge haben. Wählen Sie also für Ihren Hund das richtige Maß.

Hinterteil den Boden berührt, muss sofort ein Klicken erfolgen und der Hund wird sofort belohnt.

- **Schritt drei:**

Wenn Ihr Hund Kommandos mit dem Clicker lernen soll, dann motivieren Sie den Hund, ein gewünschtes Verhalten zu zeigen, und belohnen Sie ihn nun schnell mit dem Clicker und dem darauffolgenden Leckerli. Ich werde es hier einmal kurz an dem Beispiel „Sitz" erklären: Soll Ihr Hund beispielsweise Sitz lernen, halten Sie in einer Hand das Leckerli und in der anderen den Clicker. Jetzt führen Sie das Leckerli über den Kopf des Hundes, sodass er sich hinsetzen muss, um es weiterhin sehen zu können. Sobald der Hund sitzt, klicken Sie, und der Hund bekommt seine Bestätigung. Diese Reihenfolge muss bei Ihnen in Fleisch und Blut übergehen: Verhalten des Hundes – klicken – Bestätigung. Wenn sich der Hund auf die Handbewegung hin (Hand mit Leckerli über dem Kopf des Hundes) setzt, können Sie anfangen, das gewünschte Kommando einzuführen. Kann der Hund sich auf das Kommando hin setzen, sieht der eben beschriebene Ablauf wie folgt aus: Kommando – klicken – Bestätigung.

Das Spielzeug

Mit dem Spielzeug einem Hund die Unterordnung beizubringen, befürworte ich sehr, da es für den Hund oft spannender ist. Wenn er sich mit einem Ball oder Ähnlichem motivieren lässt, sollte man die Unterordnung auf jeden Fall über den Spieltrieb aufbauen. Es sollte aber ein kleines Spielzeug verwendet werden, wie zum Beispiel ein Ball. Wenn das Spielzeug zu groß ist, wie beispielsweise

diese Spielseile, die oft 20 bis 30 Zentimeter lang sind, sieht der Hund immer nur dieses Spielseil, und er wird bei der Begleithundprüfung in ein sogenanntes Triebloch fallen, da er das Spielseil nicht mehr in Ihrer Hand sieht. Wie Sie dem Triebloch vorbeugen können, wird in diesem Buch später noch genau erklärt werden. Einen Ball bitte immer in der rechten Hand halten, denn dann kann man ihn gut in der Hand verstecken, sodass der Hund den Ball nicht sieht und somit die Gefahr verringert wird, dass der Hund bei der Prüfung in ein Triebloch fällt. Beim

(Foto: Pinnekamp)

Border Collie Connor wird mit einem Ballspiel motiviert und hat sichtlich Freude daran.

Training sollte der Ball daher auch mal in der Jackentasche verschwinden und nur zur Bestätigung hervorgeholt werden, damit der Hund lernt, auch ohne sichtbare oder riechbare Motivation in Ihrer Hand die gewünschte Leistung zu erbringen.

Richtige Körpersprache des Menschen

Zu Beginn habe ich bereits über Körpersprache und Verhaltensweisen des Hundes berichtet. Nun sollte der Hundeführer selbst einmal überlegen, welche Auswirkung die Körpersprache des Menschen auf den Hund haben kann. Sie können die Körpersprache später in der Perfektion so sehr verringern, dass manchmal schon das Anspannen bestimmter Muskeln ausreicht, damit der Hund weiß, was Sie von ihm möchten. Während Sie den Hund anfangs noch stark mit Ihrem Körper unterstützen, sollten diese Hilfen nach und nach ganz abgebaut oder stark zurückgenommen werden. Wenn Sie mit dem Hund rechtsherum gehen möchten (siehe auch: Winkel und Kehrtwendungen), werden Sie ihn zu Beginn mit Ihrem ganzen Körper, besonders dem Oberkörper, unterstützen. Sie gehen zum Beispiel etwas in die Knie und neigen Ihren Körper sehr stark nach rechts. Wenn Sie allerdings diese Körperhilfen zu spät oder nie abbauen, werden Sie später bei der Prüfung Punktabzug dafür bekommen. Aber so weit sind Sie und Ihr Hund ja noch nicht. Sie können diese ganzen Körperhilfen nach und nach reduzieren, indem Sie anfangen, den Körper nur noch etwas nach rechts zu neigen, später werden Sie vielleicht nur noch die Schulter bewegen müssen, bis irgendwann nur noch ein kurzes Zucken oder Anspannen der Schultermuskulatur ausreicht, damit Ihr Hund weiß, dass jetzt ein Winkel nach rechts folgt. Falsche Körpersprache des Halters wird am besten beim Agility deutlich: Steht der Hundeführer nur etwas zu nah an einer Hürde, über die der Hund springen soll, kann es schon passieren, dass der Hund an dieser Hürde vorbeiläuft. Oft ist es dann nur ein ganz kleiner Fehler in der Körpersprache, der dem Hundeführer selbst nicht bewusst ist. Folge kann sein, dass der Hund ein Hindernis falsch nimmt, zu früh abspringt oder an dem Gerät vorbeiläuft.

Das Grundtraining

Damit Sie mit dem Training für die Begleithundprüfung beginnen können, sollte Ihr Hund drei Übungen beherrschen: Sitz, Platz und das Kommen auf Zuruf. Im Folgenden werden diese drei Übungen nachvollziehbar erklärt.

Sitz

Das „Sitz“ ist eine recht einfache und eigentlich die erste Übung, die der Hund erlernt. Sie halten dem Hund ein Leckerli schräg nach hinten über den Kopf, und der Hund wird sich, um das Leckerli weiterhin sehen zu können, hinsetzen. Dann bekommt er sofort das Leckerli aus Ihrer Hand und wird überschwänglich gelobt. Wichtig ist, dass Sie dem Hund das Leckerli vorher vor die Schnauze halten und dann langsam nach oben führen. Eine zu schnelle Bewegung über den Kopf des Hundes könnte ihn dazu veranlassen hochzuspringen oder rückwärtszugehen. Wenn der Hund sich sofort setzt, wenn Sie ihm das Leckerli über den Kopf halten, können Sie dieser Übung einen Namen, also ein Kommando, geben. Sie sollten das Kommando „Sitz“ verwenden, da es auch so in der Turnierordnung steht. Nach und nach können Sie die Hilfen mit dem Leckerli abbauen, und der Hund wird sich setzen. Ein gutes Sichtzeichen für die Übung „Sitz“ ist der erhobene Zeigefinger.

Problem: Rückwärtsgehen

Der Hund geht trotz richtiger Führung der Hand mit dem Leckerli rückwärts: Legen Sie dem Hund eine Leine an, sodass er nicht nach hinten hin ausweichen kann. Belohnen Sie ihn überschwänglich, wenn er sich setzt.

Platz

Die Übung „Platz“ fällt besonders kleinen Hunden schwer. Am besten ist es, wenn der Hund die Übung „Sitz“ schon beherrscht. Lassen Sie den Hund sitzen und führen Sie ihn mit einem Leckerli in Ihrer Hand ins Platz. Sobald er liegt, loben Sie ihn und geben Sie ihm das Leckerli. Nach und nach kann diese Hilfe abgebaut und das Kommando „Platz“ eingeführt werden. Als Sichtzeichen verwende ich die nach unten gehaltene Hand, mit der Handfläche zum Hund gerichtet.

Der Hund setzt sich in den meisten Fällen von selbst hin, um das Leckerli sehen zu können. So lernt er die Grundübung Sitz leicht und lecker.

Der große Hovawart Benga wird hier mit einem Leckerli ins Platz geführt und gelobt, sobald er sich richtig hingelegt hat.

Frauchen ruft …

… Connor rennt …

… und kommt begeistert an!

Kommen auf Zuruf

Am leichtesten ist es, diese Übung einem Welpen beizubringen. Hocken Sie sich hin und rufen Sie den Namen Ihres Hundes liebevoll. Die meisten Welpen kommen sofort angerannt. Natürlich folgt auf das Kommen eine ganz tolle Belohnung, wie Leckerchen oder ein Spiel, und der Hund wird zusätzlich verbal gelobt. Sollte der Hund nicht sofort kommen, rufen Sie bitte nicht die ganze Zeit nach ihm, denn dann würde er auch später Ihre Kommandos ignorieren. Am besten ist es, wenn Sie aufstehen und in die entgegengesetzte Richtung gehen. Sobald der Hund kommt, drehen Sie sich um, hocken sich hin und empfangen ihn mit viel Lob und Leckerli. Die meisten Hunde kommen schon, wenn man sich nur hinhockt. Wenn Ihr Hund noch dabei ist, auf Sie zuzukommen, geben Sie dieser Übung ein Kommando, wie zum Beispiel „Komm" oder „Hier". Sagen Sie das Kommando immer freundlich und auffordernd und nie in einem strafenden Ton, denn auch dann wird der Hund irgendwann immer weniger freiwillig zu Ihnen kommen. Er soll aber wissen, dass es bei uns immer angenehm ist. Nach und nach können Sie den Hund auch aufrecht stehend rufen, und er wird freudig zu Ihnen kommen.

Unterordnung ist Perfektion

Bei der Unterordnung sollte der Hund freudig aufmerksam und zügig neben uns herlaufen, wie auf diesem Foto idealerweise auf der Höhe unseres Knies.

Bei der Unterordnung wollen wir erreichen, dass der Hund freudig, aufmerksam und zügig neben uns herläuft – idealerweise auf der Höhe unseres Knies. Die Übungen sollen vom Hund schnell und korrekt ausgeführt werden. Damit wir zu dieser Perfektion kommen, sollte vorher mit viel Genauigkeit, aber auch mit Spiel und Spaß darauf hingearbeitet werden. Ich erkläre die Übung „Fuß" mit beiden Motivationsmöglichkeiten (Clicker oder Spielzeug). Beherrscht der Hund die Unterordnung einmal in Perfektion, werden ihm Hundesportarten leichter fallen, bei denen sie ein wichtiger Bestandteil ist, wie zum Beispiel im Turnierhundesport oder bei Obedience.

Fuß mit Clicker

Erst einmal müssen wir für unseren Hund die interessanteste Person der Welt sein. Wenn sich unser Hund gut durch Leckerchen motivieren lässt, sollten wir ganz besondere Leckerchen wählen, zum Beispiel klein geschnittene Fleischwurst oder gewürfelten Käse (bitte achten Sie auf kleine Häppchen!).

Der Hund ist an unserer linken Seite, die Leine und den Clicker haben wir in unserer rechten Hand, in der linken Hand haben wir unsere Leckerchen. Mit den Leckerchen in unserer linken Hand führen wir den Hund dicht neben unser linkes Bein und gehen ein paar Schritte vorwärts. Dabei halten wir die linke Hand die ganze Zeit vor den Fang des Hundes, er darf ruhig an den Leckerchen in unserer Hand lecken, jedoch keines bekommen. Nach zwei bis drei Schritten, wenn der Hund korrekt und dicht neben uns gelaufen ist, klicken wir mit dem Clicker, und der Hund bekommt das Leckerchen aus unserer Hand. Dann geht es weiter. Wir locken den Hund wieder mit einem Leckerchen in unserer Hand neben unser linkes Bein, gehen wieder ein paar Schritte vorwärts und sprechen unser Kommando während des Gehens. Sie müssen das Kommando „Fuß“ verwenden, da es so in der Turnierordnung vorgeschrieben ist. Nach dem Kommando „Fuß“ erfolgt dann wieder das Klicken und die Bestätigung aus unserer linken Hand. Wenn wir den Hund loben, können wir ihn auch dabei streicheln und lobend auf ihn einreden: „Braver Hund, so ist's brav.“ Gehen Sie ruhig normal schnell und schleichen Sie nicht vor Ihrem Hund her, der Hund soll Ihnen folgen. Bei einem Welpen oder Junghund müssen Sie, je nach Größe, etwas langsamer gehen, sodass er in der Lage ist, zügig mitzugehen.

Durch die Hilfestellung mit dem Futter verstehen die meisten Hunde diese Übung sehr schnell und laufen bald freudig hinter dem Futter in Ihrer Hand her, was auch unser anfängliches Ziel ist. Je regelmäßiger wir mit unserem Hund trainieren (ich empfehle zweimal in der Woche), desto schneller merken wir die Fortschritte, die unser Hund macht. Wenn er jetzt schon freudig neben uns hergeht, während wir ihm das Leckerli vor die Schnauze halten, können wir damit beginnen, die Hand etwas von der Schnauze zu entfernen, sodass die Hand mit dem Leckerli schräg nach vorn über den Kopf des Hundes gehalten wird. Die Hand sollte sich ungefähr 20 bis 30 Zentimeter schräg über seinem Kopf befinden. Auch hier gehen Sie nur ein paar Schritte, während Sie dabei immer das Kommando „Fuß“ geben und dann mit einem Klick und dem Leckerli belohnen. Das Kommando sollten Sie dann geben, wenn Ihr Hund Sie ganz gespannt und aufmerksam ansieht und nicht in der Weltgeschichte herumschaut, denn sonst würde er lernen, dass gerade diese Unaufmerksamkeit „Fuß“ bedeutet.

Sobald Ihr Hund beim Kommando „Fuß“ schön aufmerksam und freudig neben Ihnen herläuft, können Sie versuchen, die linke Hand, die Sie über dem Kopf des Hundes halten, immer weiter abzubauen. Führen Sie die Hand nach und nach immer näher an Ihren Körper, bis Sie Ihren Arm rechtwinklig halten können. Wenn Ihr Hund dann schön neben Ihnen bei Fuß geht und Sie den Arm so halten können, hat Ihr Hund das Kommando „Fuß“ verstanden, und das wichtigste Element der Begleithundprüfung haben Sie gemeistert. Ich rate davon ab, schon Wendungen oder Änderungen der Schrittgeschwindigkeit einzubauen, diese folgen erst dann, wenn der Hund das Bei-Fuß-Gehen verstanden hat.

Für Perfektionisten

In Perfektion sollte der Hund bei Fuß gehen, während beide Arme des Menschen ganz normal hinunterhängen und nicht angewinkelt sind. Erst muss der Hund das Bei-Fuß-Gehen beherrschen, dann können Sie es perfektionieren. Die Übung direkt mit herabhängendem Arm zu erarbeiten schaffen nur wenige Hundesportler sofort, da der Hund keine Motivation mehr in der Hand erahnen kann und leicht abgelenkt wird. Um es

Hier sieht man deutlich, dass sich das Motivationsspiel noch in der rechten Hand befindet. Diese Hilfe kann jedoch schon bald abgebaut werden.

dennoch zu erreichen, halten Sie den linken Arm unten und haben in der rechten Hand die Motivation, wobei Sie auch dort nach und nach den Arm nach unten führen. Belohnen Sie den Hund nur noch aus der rechten Hand, und schon bald werden Sie beide Arme unten lassen können und dennoch schaut der Hund Sie aufmerksam an.

Unterordnung mit Spielzeug

Bei dieser Art, dem Hund das Bei-Fuß-Laufen beizubringen, gehen wir ganz anders vor als beim Einüben mit dem Clicker. Der Vorteil bei dieser Methode liegt darin, dass man die Perfektion nicht erst nachher trainiert, sondern gleich sehr genau übt. Aber alles der Reihe nach.

Zuerst einmal halten wir die Leine hier in der linken Hand und unseren Ball in der rechten. Jetzt motivieren wir den Hund, indem wir ihm den Ball zeigen und ein wenig mit dem Hund spielen – aber nicht zu lange! Dann gehen wir rückwärts, halten den Ball dabei an unser Kinn und geben das Kommando „Fuß". Der Hund folgt uns in der Frontposition, während wir rückwärtsgehen. Nach ein paar Schritten werfen wir dem Hund den Ball zu, dies ist seine Bestätigung. Dann wiederholen wir die ganze Übung noch einmal. Die Leine in die linke Hand, der linke Arm hängt ruhig an unserem Körper hinab, mit der rechten Hand halten wir den Ball an unser Kinn und geben, wenn der Hund uns aufmerksam in der Frontposition folgt, das Kommando „Fuß" und werfen ihm den Ball wieder nach ein paar Schritten zu. Wenn der Hund diese Übung verstanden hat, uns also bei dem Kommando „Fuß" aufmerksam in der Frontposition folgt, während wir rückwärtsgehen, können wir damit beginnen, dass wir uns rechts neben den Hund drehen, ein paar Schritte an seiner rechten Seite neben ihm hergehen und dann wieder in die Frontposition wechseln. Wir gehen erst vor dem Hund rückwärts, während er uns aufmerksam folgt, dann drehen wir uns rechts neben den Hund, halten die Motivation immer noch an unser Kinn, geben das Kommando „Fuß“, wenn der Hund uns aufmerksam anschaut, drehen uns dann wieder vor den Hund und bestätigen ihn dort. Nach und nach verlängern wir die Zeit, die wir neben dem Hund gehen, und bestätigen ihn auch mal, wenn wir neben ihm sind. Wenn das gut klappt, lassen wir das „Zum-Hund-Drehen“ ganz weg und beginnen das Fußgehen sofort mit dem Hund an unserer linken Seite. Die linke Hand hält die Leine und hängt an unserem Körper herab, während die rechte den Ball an unser Kinn hält. Wenn der Hund korrekt, aufmerksam und freudig neben uns herläuft, erhält er das Kommando „Fuß“ und kurz darauf die Bestätigung. Klappt auch dies, fangen wir damit an, auch unsere rechte Hand langsam immer ein Stück mehr rechtwinklig und nicht mehr an unser Kinn zu halten. Im nächsten Schritt lassen wir die Hand bald auch neben unserem Körper hängen und schmeißen den Ball zur Bestätigung in die Laufrichtung des Hundes, also gerade von unserem Körper weg.

Die richtige Trainingsmethode

Wenn Ihr Hund aufrecht, mit erhobener Rute und aufmerksam neben Ihnen herläuft, haben Sie die richtige Trainingsmethode für das „Bei-Fuß-Gehen“ gefunden und er ist freudig dabei. Geht Ihr Hund nicht so mit, vielleicht sogar geduckt und ängstlich, üben Sie eventuell zu viel Druck auf Ihren Hund aus, oder Sie sollten sich überlegen, eine andere Trainingsmethode zu wählen.

Scotty läuft freudig neben seinem Frauchen her.

Ändern der Schrittgeschwindigkeit

Bei der Begleithundprüfung werden drei verschiedene Schrittarten gefordert: der Normalschritt, der langsame Schritt und der Laufschritt. Bisher haben Sie mit Ihrem Hund nur im Normalschritt trainiert. Bei diesem Schritt sollten Sie zügig, aber nicht allzu schnell gehen. Beim langsamen Schritt schleichen Sie mit Ihrem Hund, den Laufschritt kann man mit lockerem Joggen vergleichen. Bei allen drei Schrittvariationen hat der Hund immer eng, aufmerksam und korrekt an Ihrem linken Bein mitzulaufen. Jedes Abdriften gibt Punktabzug, daher sollte schon beim Einüben des Bei-Fuß-Gehens auf ein korrektes Laufen des Hundes großer Wert gelegt werden. Wenn Ihr Hund das Fußgehen beherrscht, können Sie anfangen, den Laufschritt und den langsamen Schritt mit in das Training einzubauen. Gehen Sie im Normalschritt, während der Hund korrekt und möglichst eng bei Fuß läuft. Dann fangen Sie an, ganz locker zu joggen, nicht schnell! Joggen Sie nur ein paar Schritte und loben Sie Ihren Hund, wenn er schön neben Ihnen herläuft. Die Leine sollte durchhängen! Um den Hund zu unterstützen, können Sie den Laufschritt auch mit dem Kommando „Fuß" einleiten. Wenn Ihr Hund den Laufschritt mit Ihnen gemeistert hat, loben Sie ihn während und nach dem Laufschritt; während des Laufens verbal oder mit dem Clicker, aber ohne Belohnung, da diese die Bewegung unterbrechen würde. Die Belohnung bekommt der Hund sofort danach. Bevor Sie den Hund bestätigen, gehen Sie also bitte ein paar Schritte wieder im Normalschritt und belohnen Sie ihn dann mit Ihrer Motivation (Ball oder Clicker plus Bestätigung). Um dem Hund den langsamen Schritt beizubringen, gehen Sie bitte genauso wie beim Laufschritt vor. Der langsame Schritt ist für die Hunde oft schwerer, weil er so langsam ist und die Hunde daher oft vorpreschen, also nicht mehr korrekt neben dem Hundeführer, sondern etwas vor ihm laufen. Dies gibt Punktabzug! Der langsame Schritt folgt bei der Begleithundprüfung direkt nach dem Laufschritt, wodurch es für den Hund noch schwerer ist nicht vorzupreschen, da das Tempo so plötzlich reduziert wird. Sollte Ihr Hund Probleme mit dieser Temporeduzierung haben, üben Sie dies vermehrt.

Problem: Vorprellen

Sollte Ihr Hund vorprellen, also an Ihnen vorbei weiterlaufen, drehen Sie sich bitte ruckartig um und gehen in die andere Richtung. Wenn der Hund dann wieder korrekt bei Fuß geht, bestätigen Sie ihn überschwänglich. Schon bald wird der Hund mit dem Vorprellen aufhören, wenn Sie sich immer dann wegdrehen, sobald er wieder nach vorn schießt.

Eine andere Möglichkeit ist es, den Hund abwechselnd nach links und rechts hinten zu bestätigen.

Hier könnte sich schon ein Vorprellen anbahnen …

… diesmal endet es sogar in Unaufmerksamkeit, die sich im Schnuppern auf dem Boden zeigt.

Kehrtwendung hinten herum.

Winkel und Kehrtwendungen

Wenn der Hund das Bei-Fuß-Gehen korrekt beherrscht, können wir anfangen, Winkel einzubauen. Diese sollten nach rechts und links erfolgen. Gehen Sie am Anfang linksherum, also dem Hund zugewandt. Setzen Sie dabei das linke Bein deutlich in die Richtung Ihres Hundes und schneiden Sie ihm so den Weg ab. Ein nach links geneigter Oberkörper kann das Nach-links-Gehen des Hundes noch unterstützen. Nach und nach müssen Sie Ihr linkes Bein nicht mehr so übertrieben vor Ihren Hund setzen. Wichtig ist jedoch, dass Sie immer mit dem linken Bein zuerst nach rechts oder links gehen, da der Hund sich dann besser an

Ihrer Körpersprache orientieren kann. Bei der Rechtswendung sollten Sie anfangs nicht zu schnell gehen, da die meisten Hunde dann zu stark abdriften. Gehen Sie erst langsamer, und wenn Ihr Hund eng folgt, können Sie die Geschwindigkeit bei der Rechtswendung erhöhen. Wenn der Hund zu stark abdriftet, könnte eine Motivationsaktion, zum Beispiel ein Ball, der nach der Rechtswendung in die Laufrichtung geworfen wird, Abhilfe schaffen. Diese Ballhilfe wird dann später wieder abgebaut. Ein weiterer Grund für das Abdriften könnte eine falsche Körpersprache des Hundeführers sein. Setzen Sie zur Hilfe Ihr linkes Bein stark nach rechts, um den Hund mit Ihrer Körpersprache zu unterstützen. Auch hier kann ein nach rechts geneigter Oberkörper helfen. Diese ganzen Hilfen müssen nach und nach wieder abgebaut werden.

Wenn Ihr Hund Rechts- und Linkswendungen beherrscht, können Sie diese im Wechsel trainieren. Gehen Sie zum Beispiel eine Gerade, dann nach rechts, wieder eine Gerade und dann nach links und so weiter. Sie können auch mal zwei Rechtswendungen hintereinander laufen.

Bei der Kehrtwendung drehen Sie sich um 360 Grad um Ihre eigene Achse nach linksherum, während Ihr Hund von links nach rechts hinter Ihnen herläuft. Wenn Sie Ihren Hund an der Leine führen, müssen Sie dabei die Hand, die die Leine hält, einmal hinter Ihrem Rücken wechseln. Die Leine wandert von Ihrer linken Hand hinter Ihrem Rücken in die rechte und dann wieder in die linke, nachdem Sie die Kehrtwendung beendet haben. Eine andere Form der Kehrtwendung ist es, dass Sie linksherum gehen und Ihr Hund Ihnen dabei innen folgt. Sie laufen also einen ganz engen Bogen, sodass Sie wieder auf Ihre Gerade zurückkommen, auf der Sie vorher gelaufen sind. Diese Variante ist insoweit sicher, da Ihr Hund hier nicht abdriften kann wie bei der ersten Variante, bei er hinter Ihnen herläuft. Anfangs bauen Sie nur langsam gelaufene Kehrtwendungen ein, damit Ihr Hund nicht überrumpelt wird, und später wird das Tempo erhöht. Meiner Meinung nach muss die Kehrtwendung nicht extra trainiert werden, wenn sie vorher langsam gelaufen wurde, sodass der Hund diese so lernen konnte. Wie die Winkel sollten auch die Kehrtwendungen erst eingebaut werden, wenn der Hund das Bei-Fuß-Gehen beherrscht.

!

Üben Sie Kehrtwendungen erst, wenn der Hund das Bei-Fuß-Gehen beherrscht

Problem: Abdriften bei der Kehrtwendung

Trainieren Sie mit einem Ball und nehmen Sie die Leine kürzer. Nach jeder Kehrtwendung wird der Ball in Laufrichtung des Hundes geworfen. Durch die kürzer gefasste Leine hat der Hund nicht mehr die Möglichkeit, zu sehr abzudriften, jedoch sollten Sie die Leine nicht so kurz nehmen, dass sie gespannt ist. Sie sollte, wenn möglich, immer etwas durchhängen. Durch den Ball als Bestätigung wird der Hund die Kehrtwendung auch schneller und enger ausführen, da er den Ball so schnell wie möglich haben möchte.

Die Grundstellung

Wenn wir stehen und der Hund eng an unserem Bein an der linken Seite sitzt, dann sprechen wir von der Grundstellung. Die Grundstellung wird am Anfang und am Ende der Begleithundprüfung und auch dazwischen gezeigt. Erst einmal üben wir die Grundstellung im Stand. Wir stellen uns hin, führen den Hund mit einem Leckerli dicht an unsere linke Seite und geben dann das Kommando „Sitz". Wenn der Hund eng und gerade neben uns sitzt, bekommt er sofort seine Bestätigung und wird überschwänglich gelobt. Das wiederholen wir einige Male. Klappt dies gut, lassen wir den Hund bei Fuß gehen, bleiben dann stehen und lassen ihn wieder korrekt die Grundstellung einnehmen. Dazu halten wir das Leckerli in der rechten Hand schräg über seinen Kopf und

Bei der Grundstellung sitzt der Hund eng an unserem Bein.

schieben sein Hinterteil eng an unser Bein, falls er abdriften sollte. Wenn der Hund sich schnell und eng neben uns in die Grundstellung begibt, nachdem wir stehen geblieben sind, und wir nicht auf ihn einwirken müssen, hat er die Übung verstanden. Sie können ruhig zur Unterstützung das Kommando „Sitz“ geben. Vergessen Sie auf gar keinen Fall die Bestätigung! Sollte der Hund abdriften, kann man auch versuchen, einen Schritt zur Seite zu gehen und den Hund mit dem Kommando Fuß neben unser Bein zu bekommen. Schließt der Hund korrekt neben unser Bein auf und sitzt er dann richtig neben uns, wird er belohnt.

Später reicht schon das Andeuten eines seitwärts gerichteten Schrittes, und der Hund schließt auf und befindet sich somit in der Grundstellung.

Problem: Zögern beim Sitz

Der Hund setzt sich zögernd: Wir bleiben plötzlich stehen und halten eine Motivation über den Kopf des Hundes, sodass er sich hinsetzen muss, um die Motivation zu sehen. Setzt der Hund sich schnell, wird er überschwänglich gelobt und sofort belohnt! Diese Hilfen werden dann nach und nach wieder abgebaut. Dabei sollten auch immer Persönlichkeit des Hundes und eventuelle rassetypische Eigenschaften berücksichtigt werden! Ein Bernhardiner wird sich nicht so schnell in die Grundstellung begeben wie ein Hovawart oder Border Collie!

Aus dem Vorsitzen in die Grundstellung

Diese Übung muss der Hund am Ende der Unterordnung zeigen: Er sitzt korrekt vor dem Hundeführer, bekommt das Kommando „Fuß“ und hat sich dann schnell in die Grundstellung zu begeben. Hier gibt es zwei Möglichkeiten: einmal, dass der Hund hinter uns herläuft und sich dann neben uns setzt, oder dass er sich um 180 Grad dreht und sich dann gekonnt neben unser Bein setzt. Diese zweite Möglichkeit sieht sehr interessant aus,

Auf diesen Bildern ist schön zu sehen, wie man dem Hund beibringt, aus dem Vorsitzen in die Grundstellung zu gehen.

Problem: Der Hund läuft zu langsam um Sie herum.

Der Hund sollte zügig hinter Ihnen herlaufen und sich dann in die Grundstellung begeben. Wenn Ihr Hund hier zu langsam ist, können Sie dem folgendermaßen entgegenwirken: Sie nehmen einen Ball in die rechte Jackentasche, Ihr Hund sitzt vor Ihnen, Sie geben das Kommando „Fuß“, und wenn Ihr Hund dann fast neben Ihrem linken Bein ist, nehmen Sie den Ball schnell aus Ihrer Tasche und werfen diesen in die Laufrichtung des Hundes, also nach vorne. Ihr Hund wird dann erst einmal schnell hinter dem Ball herrennen. Wiederholen Sie diesen Vorgang. Schon bald wird der Hund schnell um Sie herumlaufen, weil er sich den Ball erhofft. Lassen Sie den Hund später korrekt in der Grundstellung absitzen, bevor Sie den Ball werfen, oder lassen Sie ihn ganz weg. Setzen Sie den Ball also später nur noch nach dem Zufallsprinzip ein.

Problem: Hund sitzt zu weit hinten

Es kann passieren, dass der Hund sich nicht direkt neben, sondern ein Stück hinter Sie setzt. Auch hier würde ich mit dem Ball so trainieren wie oben beschrieben. Wenn Sie später anfangen, nach dem Zufallsprinzip zu belohnen, belohnen Sie nur, wenn der Hund korrekt neben Ihnen sitzt. Loben Sie den Hund dann überschwänglich. Sie können auch versuchen, den Hund nur nach vorne hin zu bestätigen, sodass er seine Position verändern muss, um die Belohnung zu erhalten.

ist aber nicht für jeden Hund umsetzbar. Und sie hat einen Nachteil: Oft setzen sich die Hunde dann nicht so eng an das Bein, wie es sein sollte, sondern driften immer noch ein bisschen ab. Besonders für Hunde mit langem Rücken ist diese Variante abzulehnen, da sie oft, bedingt durch ihre Größe, Probleme damit haben. Daher finde ich die erste Möglichkeit, bei der unser Hund hinter uns herläuft, am vorteilhaftesten, da sie für große wie auch kleine Hunde geeignet ist. Sie lassen Ihren Hund vor Ihnen sitzen, Sie haben in beiden Händen ein Leckerli. Jetzt führen Sie Ihren Hund mit Ihrer rechten Hand zu Ihrem rechten Bein und dann hinter Ihre Beine zu Ihrem Gesäß. Vom Gesäß aus führen Sie den Hund mit Ihrer linken Hand an Ihr linkes Bein und schließlich in die korrekte Grundstellung; dort erhält der Hund dann seine Belohnung. Ihr Hund läuft also hinter Ihnen her und setzt sich dann neben Ihr linkes Bein in die Grundstellung. Während Sie Ihren Hund hinter sich herführen, geben Sie das Kommando „Fuß“. Achten Sie bitte ganz genau darauf, dass Ihr Hund sich eng und korrekt in die Grundstellung begibt! Nach und nach können Sie das Locken mit der rechten Hand weglassen und führen ihn nur noch mit Ihrer linken Hand um Ihre Beine. Wenn der Hund anfängt, diese Übung zu verstehen, wird er von selbst hinter Ihre Beine laufen, und dort müssen Sie ihn nur noch mit Ihrer linken Hand annehmen und in die Grundstellung führen. Diese Übung kann man am besten mit dem Leckerli trainieren, da man den Hund damit korrekter führen kann als mit einem Ball. Viele Hunde werden ganz ungeduldig, wenn sie den Ball sehen, und setzen sich dann

Hovawart Ayco kommt freudig auf seine Besitzerin zugelaufen…

… und zeigt korrektes Vorsitzen.

möglicherweise nicht korrekt in die Grundstellung, doch gerade die Grundstellung ist das Wichtigste an dieser ganzen Übung! Wenn Ihr Hund auch das kann, also auf das Kommando „Fuß" hin hinter Ihnen herläuft, lassen Sie auch Ihre linke Hand weg und setzen sie nur noch zum korrekten Einnehmen der Grundstellung ein. Im letzten Schritt können Sie sogar die linke Hand komplett weglassen, und auf das Kommando „Fuß" hin läuft der Hund selbstständig und zügig hinter Ihnen her und begibt sich dann korrekt in die Grundstellung, wo er auch seine Bestätigung bekommt.

Vorsitzen

Diese Übung folgt nach dem Platz aus der Bewegung. Bei dieser Übung rufen wir den Hund aus dem Platz. Der Hund hat schnell und freudig zu uns zu laufen und sich korrekt, gerade und eng frontal vor uns zu setzen. Danach folgt das Kommando „Fuß", und der Hund hat in die Grundstellung zu gehen. (Siehe dazu „Aus dem Vorsitzen in die Grundstellung".) Wir trainieren diese Übung rückwärts, fangen also damit an, das korrekte Vorsitzen zu trainieren. Wir lassen den Hund liegen, entfernen uns einen Meter von dem Hund und stellen uns frontal zum Hund stehend hin. Dann geben wir das Kommando „Hier" und locken den Hund mit Leckerli in unseren Händen

Connor weiß genau, dass er gleich ein Leckerli bekommt.

vor uns. Wenn der Hund gerade und möglichst eng vor uns sitzt, bekommt er seine Belohnung, und wir drehen uns vom Hund weg, um den Druck zu nehmen, der entsteht, wenn wir vor ihm stehen. Durch diesen Druck setzen sich viele Hunde auch nicht so eng vor ihren Hundeführer. Die Hunde durchschauen diese Übung eigentlich sehr schnell. Wenn der Hund auf das Kommando hin freudig zu uns kommt und vorsitzt, sollten wir damit anfangen, die Leckerchen in den Händen abzubauen. Hierfür empfehle ich den Clicker. Außerdem sollten Sie in der rechten und in der linken Jackentasche Leckerchen haben. Sie haben den Clicker in einer Hand und lassen beide Hände locker an den Seiten herabhängen. Dann geben Sie dem im Platz liegenden Hund das Kommando „Hier". Der Hund sollte jetzt zu uns herlaufen und sich möglichst gerade vor uns setzen. Es ist nicht schlimm, wenn er nicht ganz eng vorsitzt. Sitzt er vor, klicken Sie, geben ihm aus einer der beiden Taschen ein Leckerli und wiederholen die Übung erneut. Wenn der Hund nicht eng genug vorsitzt, können Sie auch noch einmal einen Schritt rückwärtsgehen. Lassen Sie aber Ihre Arme an den Seiten herabhängen! Sitzt der Hund korrekt vor, klicken Sie und geben ihm aus einer der beiden Taschen ein Leckerli. Warum sollten Sie in beiden Taschen Leckerchen haben? Ganz einfach: Wenn Sie die Leckerchen immer in der rechten Tasche haben, setzen sich die meisten Hunde schräg zur rechten Tasche hin, denn so kommen sie ja schneller an die Belohnung. Um nach dem Zufallsprinzip bestätigen zu können, kann man dann mal aus der rechten Tasche und mal aus der linken füttern. So bleibt der Hund gerade sitzen, da er nicht weiß, aus welcher Tasche er bestätigt wird.

Eine andere Möglichkeit ist es, das Vorsitzen mit einem Spielzeug zu trainieren. Hierfür bietet sich besonders eine sogenannte Beißwurst an. Die Beißwurst hat, wie der Name schon sagt, die Form einer Wurst, und es gibt sie in den verschiedensten Größen zu kaufen. Am besten für das Trainieren des Vorsitzens sind Beißwürste, die an beiden Enden eine Schlaufe haben. Sie lassen den Hund zwei bis drei Schritte von Ihnen entfernt liegen, halten dann die Beißwurst vor die Brust (bei kleinen Hunden auf Bauchhöhe) und rufen den Hund. Kommt er heran, führen Sie die Beißwurst höher, noch bevor der Hund Sie erreicht hat. Wenn der Hund korrekt und gerade vor Ihnen sitzt, geben Sie ihm die Beißwurst von oben in seinen Fang. Werfen Sie die Beißwurst bitte nicht über den Kopf des Hundes hinweg, denn dann würde Ihr Hund sich beim nächsten Mal vielleicht nicht mehr so nah und eng wie gewünscht vor Sie setzen, da er hofft, dass Sie ihm die Beißwurst wieder zuwerfen. Wenn alles gut klappt, können Sie damit beginnen, die Beißwurst von vornherein an Ihr Kinn zu halten und den Hund dann zu rufen und vorsitzen zu lassen. Wenn auch das gut klappt, klemmen Sie sich die Beißwurst unter Ihr Kinn, sodass Sie diese nicht mehr mit den Händen festhalten müssen und Sie die Hände ruhig am Körper hinabhängen lassen können. Wenn der Hund sich auch dann noch korrekt vorsetzt, können Sie die Beißwurst beim nächsten Mal ganz weglassen und am besten in Ihrer Jacken- oder Hosentasche unterbringen. Der Hund darf die Beißwurst aber nicht sehen, also sollten Sie sie nicht vorn in Ihre

Bei kleinen Hunden muss man sich entsprechend klein machen, um ihnen die Beißwurst zeigen zu können.

Hosentasche stecken, wo sie dem Hund die ganze Zeit vor der Nase herumbaumelt, denn dadurch können Sie das soeben antrainierte Vorsitzen wieder zunichte machen, da der Hund eventuell schräg vorsitzt. Wenn Sie den Hund nach korrekt ausgeführtem Vorsitz belohnen möchten, ziehen Sie die Beißwurst aus Ihrer Tasche, halten sie an Ihr Kinn und bestätigen den Hund dann von oben, geben ihm die Beißwurst also in den Fang.

Herankommen

Wenn der Hund aus einem Meter Entfernung perfekt vorsitzen kann, ohne dass Sie Ihre Arme einsetzen müssen, können wir das Herankommen trainieren. Lassen Sie den Hund liegen, entfernen Sie sich etwa zehn Meter weit und stellen Sie sich breitbeinig zum Hund hin. In einer Hand haben Sie ein Spielzeug. Jetzt rufen Sie den Hund, und wenn er fast bei Ihnen ist, werfen Sie das Spielzeug durch Ihre gegrätschten Beine hindurch, sodass er durch Ihre Beine dem Spielzeug nachjagen kann. Dies wiederholen Sie einige Male. Der Hund lernt dadurch, schnell heranzukommen. Wenn das gut klappt, versuchen Sie, den Hund vorsitzen zu lassen, anfangs nur aus fünf Metern Entfernung, die Entfernung wird dann erhöht. Wenn auch das gut klappt, der Hund schnell herankommt, sich eng und korrekt vorsetzt, können Sie ihn auch mal in die Grundstellung rufen.

Tipp

Trainieren Sie das Herankommen erst, wenn Ihr Hund die Platzablage perfekt beherrscht, da er die beiden Übungen verwechseln könnte!

Sitz aus der Bewegung

Für diese Übung muss der Hund das Kommando „Sitz“ schon ohne Handzeichen ausführen können, also nur auf Kommando befolgen können. Bei dem Sitz aus der Bewegung geht Ihr Hund ganz normal bei Fuß. Dann geben Sie das Kommando „Sitz“, und Ihr Hund hat sich sofort hinzusetzen, ohne dass Sie ihn beachten oder anderweitig unterstützen. Der Hund soll sich nur auf das Kommando hin setzen, Sie sollten auf gar keinen Fall Ihr Schritttempo verlangsamen. So sollte die Übung idealerweise ausgeführt werden. Um das zu erreichen, trainieren wir diese Übung folgendermaßen: Sie gehen im Normalschritt und Ihr Hund geht bei Fuß. Dann sagen Sie deutlich Ihr Kommando für die Übung Sitz, drehen sich dann vor den Hund und stellen sich mit Ihrem Handzeichen für die Übung Sitz vor ihn hin. Durch die Drehung wird der Hund gestoppt und lernt so, sich schnell hinzusetzen. Wenn Ihr Hund sitzt, wird er sofort belohnt und gelobt. Dann wiederholen Sie den Vorgang wieder: Der Hund geht bei Fuß, Sie sagen deutlich Ihr Kommando, drehen sich danach sofort vor den Hund und geben ihm dabei noch das Handzeichen für die Übung Sitz, und nach gelungener Ausführung erhält der Hund noch seine Belohnung. Wenn der Hund schon Anzeichen macht, sich bei dem Kommando Sitz zu setzen, können Sie einen Schritt weiter gehen. Sie stellen sich dann nicht mehr vor den Hund, sondern drehen sich mit dem Oberkörper stark in seine Richtung und geben dabei das Handzeichen. Dies alles tun Sie nur, nachdem Sie das Kommando gesagt haben. Setzt sich der Hund, wird er sofort belohnt. Achten Sie darauf, dass der Hund sich möglichst schnell setzt. Klappt auch dieser Schritt gut, drehen Sie Ihren Oberkörper nur noch etwas in die Richtung, geben das Handzeichen und entfernen sich zwei bis drei Schritte von dem Hund (Sie gehen mit dem Rücken zum Hund), drehen sich dann um, gehen sofort wieder zum Hund zurück und stellen sich an seine rechte Seite. Erst dann bekommt der Hund seine Belohnung. Wenn auch das super klappt, geben wir nur noch das Kommando, zeigen dem Hund das Handzeichen, entfernen uns zwei bis drei Schritte, gehen zum Hund zurück, stellen uns korrekt neben ihn und belohnen ihn dann überschwänglich. Nach einiger Zeit lassen wir auch unser Sichtzeichen weg und setzen nur noch unser Kommando ein. Wenn der Hund sich auf unser Kommando hin setzt, können wir damit beginnen, die Schrittzahl auf 30 Schritte zu erhöhen, drehen uns dann zum Hund um, warten ein paar Sekunden, gehen dann erst zum Hund zurück und belohnen ihn. Nach und nach wird auch die Zeit, bis wir zu ihm zurückgehen, verlängert, da sollten Sie jedoch sehr behutsam vorgehen.

Beim Sitz aus der Bewegung stellen wir uns unvermittelt vor den Hund. Auf diesem Foto hat sich die Besitzerin vor Gianni gestellt und gibt anschließend das Sichtzeichen für Sitz. Hier hilft noch ein Motivationsspielzeug bei der Einübung.

Tipp:

Sollte Ihr Hund sich langsam und zögernd setzen, dann könnte man das Problem folgendermaßen lösen, vorausgesetzt, Ihr Hund lässt sich gut mit einem Spielzeug motivieren: Gehen Sie im Normalschritt mit dem Spielzeug (das der Hund vorher schon gesehen hat und von dem er weiß, dass Sie es in der rechten Hand halten). Der Hund geht bei Fuß. Dann bleiben Sie plötzlich stehen, reißen Ihren rechten Arm mit dem Ball nach oben, schräg über den Hundekopf, und bewegen Ihren ganzen Oberkörper stark nach links. Durch Ihre schnelle Reaktion setzt sich auch der Hund im Idealfall schnell. Sobald er sitzt, werfen Sie nach ein bis zwei Sekunden den Ball. Langsam bauen Sie im Laufe der Zeit die Körpersprache ab, sodass sich der Hund schnell auf das Kommando hin setzt; trainieren Sie dann weiter wie oben beschrieben.

Platz aus der Bewegung

Die beiden Übungen Sitz und Platz aus der Bewegung werden eigentlich sehr ähnlich trainiert, und auch hierfür ist die Voraussetzung, dass der Hund die Übung Platz auf Kommando beherrscht. Auch hier geht der Hund bei Fuß, dann stellen wir uns blitzschnell und unvermittelt vor den Hund, damit er lernt, das Kommando mit dem Handzeichen und dem Kommando für Platz zügig auszuführen. Sie stellen sich so lange immer vor den Hund, bis Sie aufrecht stehen können und der Hund sich auf ein kurzes Handzeichen hinlegt. Nach und nach stellen Sie sich nicht mehr vor den Hund, sondern bleiben neben ihm, wenn er das Kommando Platz ausführen soll. Ein Handzeichen und das Kommando sollten ausreichen, damit der Hund sich hinlegt. Bitte bücken Sie sich nicht, wenn Sie dem Hund das Handzeichen geben! Sie müssen aufrecht weitergehen, können sich aber durch einen kurzen Blick über Ihre Schulter vergewissern, dass der Hund liegt. Liegt er nicht, wiederholen Sie den Vorgang. Wenn er sich dann korrekt legt, wird er ganz stark gelobt und belohnt, und es wird nicht mehr weitertrainiert, da jedes Training mit einem Erfolgserlebnis für den Hund enden sollte. Wie auch beim Sitz aus der Bewegung bauen Sie nach und nach die Handzeichen ab, bis der Hund sich auf das Kommando hin legt und Sie sich 20 bis 30 Schritte vom Hund entfernen können. Dieser Vorgang wird ausführlich bei der Übung „Sitz aus der Bewegung“ beschrieben.

Tipp:

Sollte Ihr Hund sich zu langsam oder zögernd legen, empfehle ich auch hier das Training mit dem Ball, wie beim Sitz aus der Bewegung. Sie bücken sich jetzt tief zu Ihrem Hund hinunter, während Sie die rechte Hand mit dem Motivationsspielzeug wie beim Handzeichen für Platz vor dem Hund schnell von oben nach unten sausen lassen. Die Handbewegung für Platz soll also sehr schnell ausgeführt werden. Dann verweilen Sie kurz in der gebückten Haltung und werfen zur Bestätigung den Ball.

Platzablage

Diese Übung ist nicht zu verwechseln mit dem eben beschriebenen „Platz aus der Bewegung“. Bei dieser Übung ist Ihr Hund in der Grundstellung, Sie geben das Kommando Platz, entfernen sich ungefähr 20 bis 30 Schritte (die Entfernung wird vom Richter festgelegt) und bleiben dann mit dem Rücken zum Hund ungefähr zehn Minuten in dieser Entfernung stehen. Der Hund hat die ganze Zeit über ruhig liegen zu bleiben, er darf weder aufstehen noch am Boden robben oder Ähnliches.

Die Platzablage muss unter Ablenkung gezeigt werden. Bei der Begleithundprüfung befinden sich immer zwei Mensch-Hund-Teams auf dem Platz. Während das eine Team die Unterordnung (zum Beispiel Fuß, Sitz aus der Bewegung) zeigt, befindet sich der Hund des zweiten Teams in der Ablage. Der Hund, der sich in der Ablage befindet, darf nicht aufspringen und zu dem anderen Hund rennen. Dieses Verhalten kann, wie auch das Aufstehen, zur Disqualifikation führen. Aber ich kann Sie beruhigen: Der Hund, der gerade die Unterordnung zeigt, wird nicht in einem Abstand von einem oder zwei Metern an Ihrem Hund vorbeilaufen, sondern eine sinnvolle Distanz halten.

Um dem Hund die Ablage beizubringen, kann man zwei verschiedene Wege wählen. Der erste Weg: Sie legen Ihren Hund ab und entfernen sich nach und nach immer mehr. Sie bringen Ihrem Hund diese Übung langsam bei, indem Sie anfangs in einem Meter Entfernung stehen, dann in zwei Meter Entfernung und so weiter, bis Sie bei 20 bis 30 Metern angelangt sind. Hier wird dem

Hier zeigt ein Mensch-Hund-Team die Unterordnung, der Hund des zweiten Teams übt jetzt die Ablage. Die Hundeführerin hat sich noch nicht so weit entfernt, wie es später in der Prüfung verlangt wird.

Hund die Übung also behutsam und über positive Bestärkung vermittelt. Bei der zweiten Methode legen Sie den Hund ab, entfernen sich sofort 20 bis 30 Meter, und wenn der Hund aufsteht (was er höchstwahrscheinlich tun wird!), wird er energisch wieder auf seinen Platz verwiesen. Mit „energisch" meine ich auf keinen Fall das Einsetzen von Gewalt! Nur mit einem energisch gesprochenen Befehl wird der Hund wieder in die korrekte Ablage gebracht. Bei dieser Methode wird dem Hund über Druck und Zwang die Ablage beigebracht. Suchen Sie die richtige Methode für Ihren Hund aus. Wenn Sie einen sehr aufmüpfigen Hund haben, würde ich Ihnen die Methode unter Druck empfehlen, bei einem sensiblen Hund dürfen Sie diese Methode auf gar keinen Fall anwenden! Hier empfiehlt sich die Methode, die über positive Bestärkung aufgebaut wird.

Ablage durch positive Bestärkung

Wie schon erwähnt, bringen wir dem Hund mit dieser Methode die Ablage schonend und in kleinen Schritten bei. Am Anfang gehen wir in die Grundstellung. Nach einer kurzen Wartezeit geben wir dem Hund das Kommando „Platz". Wenn der Hund liegt, stellen wir uns in einem Meter Entfernung frontal, mit dem Rücken zum Hund, hin. Wir warten kurz, gehen dann zum Hund, geben ihm ein Leckerli mit einem beruhigenden und lobenden Kommentar: „Braver Hund." Dann entfernen wir uns wieder einen Meter, stellen uns wieder mit dem Rücken zum Hund hin und warten erneut. Diesen Vorgang kann man einige Male wiederholen. Sollte der Hund aufstehen, bringen Sie ihn ohne Kommentar wieder auf seinen Platz, geben das Kommando „Platz" und entfernen sich wieder. Wichtig ist, dass der Hund belohnt wird, wenn er liegt; daher ist es vorteilhaft, diese Übung mit Leckerli zu trainieren, da der Hund bei einem Ball aufspringen würde, und genau das wollen wir nicht. Wenn der Hund auf einen Meter Entfernung eine Minute lang liegen bleibt, können wir damit beginnen, uns zwei Meter von ihm zu entfernen und

Nach der Platzablage des Hundes entfernen wir uns von unserem Hund.

ihn zwei Minuten lang liegen zu lassen. Wichtig ist, dass Sie die Übung immer mit der Grundstellung beginnen. Der Hund soll schon im Training diesen Ablauf lernen. Ich empfehle auch, die Zeiten stark zu variieren. Mal lassen Sie den Hund nur 30 Sekunden liegen, dann wieder drei Minuten. Hunde haben ein gutes Zeitgefühl, und wenn Sie immer nur mit fünf Minuten trainieren, wird der Hund irgendwann aufstehen, auch wenn Sie es mit zehn Minuten versuchen, weil er immer nach fünf Minuten wieder abgeholt wurde. Mit jedem weiteren Meter, den Sie sich vom Hund entfernen, verlängern Sie auch die Zeit um eine Minute. Wenn die Zeit um ist, gehen Sie zu Ihrem Hund, geben ihm ein Leckerli, während er im Platz liegt, stellen sich dann rechts neben den Hund und geben das Kommando Sitz, sodass sich der Hund wie am Anfang wieder in der Grundstellung befindet. Mit der Grundstellung ist die Übung beendet, und Sie können mit dem Hund spielen, damit er die Anspannung besser abbauen kann. Am Ende sollte der Hund in der Lage sein, ungefähr zehn Minuten liegen zu bleiben, während Sie sich 20 bis 30 Meter von ihm entfernt haben. Dies ist eine wichtige Voraussetzung für die Begleithundprüfung.

Ablage durch Druck

Bei dieser Methode gehen Sie nicht so behutsam vor wie bei der Ablage durch positive Bestärkung.

Auch hier beginnt die Übung mit der Grundstellung, dann folgt das Kommando „Platz“. Sie entfernen sich dann sofort zehn Meter. Wenn der Hund aufsteht, sprechen Sie ein scharfes und strenges „Nein!“, nehmen ihn am Halsband und bringen ihn wieder auf seinen Platz zurück. Dies unterstützen Sie mit dem energischen und strengen Befehl „Platz!“. Dann gehen Sie wieder zehn Meter weg, stellen sich frontal mit dem Rücken zum Hund hin und warten. Am Anfang schlage ich vor, höchstens zwei Minuten zu warten. Dann gehen Sie wieder zum Hund zurück, geben ihm ein Leckerli, stellen sich neben ihn, lassen ihn sitzen und spielen mit ihm oder loben ihn überschwänglich. Das überschwängliche Loben am Ende ist sehr wichtig, dadurch wird dem Hund ganz deutlich gemacht, was wir von ihm wollen. Bleibt er nicht liegen, wird er „bestraft“ (er muss die Übung wiederholen); wenn er brav liegen bleibt, ist er für uns der tollste Hund auf der Welt. Wenn der Hund zwei Minuten lang liegen bleibt, erhöhen Sie auf fünf Minuten, dann auf zehn. Wenn der Hund zehn Minuten lang bei einer Entfernung von zehn Metern liegen bleibt, erhöhen wir auf 20 Meter und dann auf 30 Meter. Durch diese Methode wird viel Druck auf den Hund ausgeübt, daher ist das Spielen am Ende besonders wichtig. Durch diesen Druck lernt der Hund aber auch, dass wir es sehr ernst meinen und dass er zu gehorchen hat! Ich mag es eigentlich nicht, wenn auf den Hund so viel Druck ausgeübt wird, doch bei dieser Übung kann man sich keine Fehler erlauben, denn wenn der Hund bei der Prüfung aufsteht, bringt er auch den anderen Hund aus der Unterordnung, und das ist unfair. Daher sollte diese Übung mit viel Einsatz und Genauigkeit trainiert werden.

Working Border Collie Hündin Julie legt sich bei jedem Wetter überall hin.

Tipp:

Achten Sie, wenn Sie die Ablage trainieren, auch auf die Witterungsverhältnisse. Wenn der Boden gefroren ist, sollten Sie den Hund nicht zu lange liegen lassen, ebenso wenig bei starker Hitze. Scheuen Sie sich aber nicht, den Hund auch einmal im Regen abzulegen; grundsätzlich sollte dieser auf jede Wetterlage gut vorbereitet sein. Wenn er es kennt, im Regen abzuliegen, wird er dann auch nicht bei einer verregneten Prüfung aufstehen,weil er es aus dem Training so gewohnt ist.

Die Gruppe ist ein Bestandteil der Begleithundprüfung. Mischling Scotty konzentriert sich trotz der anderen Menschen aber ganz auf sein Frauchen.

Übungen in der Gruppe

Die Gruppe wird während der Begleithundprüfung auf dem Platz verlangt. Die Gruppe besteht aus etwa vier Personen, die sich ein wenig bewegen und im Idealfall auch Geräusche von sich geben. Beim ersten Mal führen Sie den angeleinten Hund in der Form einer Acht um die Personen herum, halten schließlich in der Mitte der Gruppe an und zeigen eine korrekte Grundstellung. Auf das Zeichen des Richters hin gehen Sie aus der Gruppe, zeigen eine Kehrtwendung, gehen dann noch vier Schritte vorwärts und zeigen erneut die Grundstellung. Der Hund wird abgeleint und Sie führen den Hund wiederum durch die Gruppe und zeigen in der Mitte die Grundstellung. Danach folgt die Freifolge. Wenn Sie mit Ihrem Hund in der Gruppe üben, trainieren Sie nach dem hier beschriebenen Prüfungsablauf, damit der Hund diese Übung verinnerlicht. Wichtig ist, dass die Gruppe für den Hund etwas Positives darstellt und er keine schlechten Erfahrungen macht, weil er sich zum Beispiel vor einer Person erschreckt. Sollte doch einmal eine negative Verknüpfung in Bezug auf die Gruppe stattfinden, versuchen Sie sofort, diese negative Erfahrung durch eine positive zu ersetzen! Der Hund sollte sich im Idealfall nicht von den Personen ablenken oder beeindrucken lassen, sondern sich ausschließlich auf den Hundeführer konzentrieren.

Dem Triebloch vorbeugen

Das sogenannte „Triebloch“ tritt eigentlich nur bei Prüfungen auf. Wie das Wort schon sagt, handelt es sich bei dem Triebloch um einen Einbruch oder Zusammenbruch des Triebes. Dem Hund fehlt es an Trieb und Motivation, sodass er in ein Triebloch fällt. Es ist also kein Wunder, dass es dieses Triebloch eigentlich nur an Prüfungstagen gibt. Erstens haben Sie nichts, womit Sie Ihren Hund motivieren und eventuell belohnen könnten, zweitens sind Sie oft selbst noch aufgeregt, was Ihren Hund durchaus verunsichern kann. Da alle diese Gründe beim Training nicht gegeben sind, kann ein Triebloch nicht beim Training auftreten. Der Hund kann

Irgendetwas ist für diesen Schäferhund offensichtlich interessanter als die Prüfung. Trotzdem muss eine kleine Unaufmerksamkeit noch kein Zeichen für ein Triebloch sein.

auch im Training ein Tief haben, das aber häufig durch Überforderung entsteht.
Woran merkt man nun, dass sich der Hund in einem Triebloch befindet? Erst einmal wirkt der Hund lustlos, unkonzentriert oder schnüffelt am Boden (bei Prüfungen oft ein Anzeichen von Stress!), um nur ein paar Beispiele zu nennen. Da vermutlich auch Sie am Tag der Prüfung aufgeregt sind, können Sie ein Triebloch so gar nicht gebrauchen. Sie werden unter Umständen noch nervöser, wenn Ihr Hund bei der Unterordnung nur am Boden schnüffelt, sich vollkommen desinteressiert zeigt und somit die Unterordnung vielleicht gar nicht gelingt. Das Ende vom Lied ist dann, dass die Teampartner Mensch und Hund diesen Prüfungstag frustriert hinter sich bringen, wodurch die nächste Prüfung auch nicht leichter wird, da man schon mit Bauchschmerzen ankommt und nur mit einem Gedanken: Was, wenn es wieder schiefgeht?

Man kann dem Triebloch etwas vorbeugen, ganz vermeiden kann man es aber nicht, da auch der Prüfungsstress von Hund und Hundeführer am Prüfungstag noch hinzukommt. Dennoch sollten Sie versuchen, dieses Risiko so weit es geht zu verringern. Den Grundstein, damit es kein Triebloch gibt, legen Sie im Training.

Motivation abbauen

Mit „Motivation abbauen" ist nicht gemeint, dass Sie Ihren Hund nun gar nicht mehr motivieren sollen, im Gegenteil. Sie sollten versuchen, die von Ihnen eingesetzte Motivation zu verringern, das heißt, dass Sie den Hund motivieren, dann das Motivationsangebot in der Tasche verschwinden lassen, mit dem Hund eine Übung trainieren und dem Hund dann das Motivationsangebot als Belohnung geben. Die Motivation sollte langsam abgebaut werden und die Abstände, in denen der Hund seine Bestätigung bekommt, werden auch langsam immer größer. Wichtig ist, dass Sie nicht zu schnell vorgehen, denn gerade in der Anfangszeit ist es wichtig, die Motivation des Hundes aufrechtzuerhalten, auch wenn er dabei das Motivationsangebot noch sehen oder riechen kann (Ball in der Hand, Leckerli vor dem Fang des Hundes und so weiter). Erst, wenn Ihr Hund lange motiviert ist, auch ohne dass er dauernd für ein korrektes Bei-Fuß-Gehen belohnt wird, können Sie anfangen, die Motivation abzubauen. Dabei gehen wir in kleinen Schritten vor; hier ein Beispiel, wie man es mit einem Ball trainieren kann: Anfangs halten Sie den Ball, für den Hund gut sichtbar, in Ihrer Hand. Wenn Sie den Ball bis jetzt immer in der linken Hand gehalten haben, werden Sie ihn diesmal in der rechten Hand halten, aber so, dass der Hund den Ball noch sehen kann. Läuft der Hund aufmerksam bei Fuß, können Sie ihm den Ball zur Bestätigung zuwerfen. Wenn der Hund längere Zeit motiviert bleibt, auch wenn Sie den Ball in der rechten Hand halten, können Sie schon einen Schritt weiter gehen. Jetzt fangen Sie an, den Ball (wie schon oben erwähnt) in Ihrer Jacken- oder Hosentasche verschwinden zu lassen. Der Hund soll jetzt also weiter aufmerksam bei Fuß gehen, auch wenn Sie keinen Ball mehr in der rechten Hand halten. Gehen Sie anfangs nur ein paar Schritte, holen dann den Ball wieder aus Ihrer Tasche und bestätigen den Hund damit. Nach und nach lassen Sie den Ball immer länger in Ihrer Tasche, wobei diese Zeitspanne nicht ausgereizt werden sollte, da Sie sich noch im Training befinden. Es ist ganz wichtig, dass Sie nicht bei jeder Trainingsstunde versuchen, die Motivation abzubauen. Sie müssen dann auch wieder den Ball ganz offensichtlich in der Hand halten und den Hund damit motivieren, damit er nicht die Lust an der Fußarbeit verliert. Wenn er sie einmal verloren hat, kann es schwierig werden, ihm diese Arbeit wieder interessant erscheinen zu lassen.

Tipp:

Auch wenn Sie die Motivation abbauen, sollten Sie mit dem Hund zwischendurch ein fetziges Ballspiel spielen, denn dadurch kann der Hund später wieder besser mitarbeiten. Außerdem hat der Hund durch dieses Spiel eine abwechslungsreiche Pause.

Ein fetziges Ballspiel motiviert zu neuen Taten.

Aufmerksamkeit durch Konditionierung

Wir können dem Hund auch beibringen, die Aufmerksamkeit lange aufrechtzuerhalten. Das erreichen wir dadurch, dass wir die Aufmerksamkeit konditionieren, was durch ein Kommando oder durch einen kurzen Leinenruck geschehen kann. Ich werde zuerst die Konditionierung mit dem Kommando erklären; auch hier werde ich wieder mit der Übung des Bei-Fuß-Gehens und der Motivation Ball arbeiten. Sie lassen Ihren Hund also ganz normal bei Fuß gehen, dann sagen Sie ein Kommando (dies darf auf keinen Fall das gleiche Kommando wie für die Übung bei Fuß sein!) und werfen den Ball. Wenn der Hund verstanden hat, was Ihr neues Kommando (zum Beispiel „Schau“) bedeutet und er Sie aufmerksam anschaut, gehen Sie noch ein, zwei Schritte weiter und werfen dann den Ball zur Bestätigung. Nach und nach verlängern Sie die Zeitspanne zwischen Ihrem Kommando für die Aufmerksamkeit und der Bestätigung durch den Ball. Auch hier sollte, wie oben schon gesagt, mit der Zeitspanne variiert werden: also einmal ganz lange den Hund aufmerksam bei Fuß gehen lassen und dann nur ein paar Schritte oder Sekunden lang. Was der Hund bei dieser Übung lernt, ist, dass nach dem Aufmerksamkeitskommando, zum Beispiel „Schau“, immer eine Belohnung folgt. Das „immer“ ist besonders entscheidend, denn nur deswegen bleibt der Hund aufmerksam und abwartend, weil er ja den geliebten Ball haben möchte. Würde der Hund den Ball einmal nicht bekommen, ließe höchstwahrscheinlich die Aufmerksamkeit nach. Sie können nach dem Zufallsprinzip bestätigen, also mal nach ein paar Sekunden, dann wieder nach 50 Schritten.

Wichtig ist nur, dass der Hund die Belohnung am Ende bekommt. Diese Übung können Sie auch mit dem Clicker trainieren. Sie bringen dem Hund bei, dass er Sie auf das Kommando „Schau" hin aufmerksam beobachten sollte, da es dann einen Klick und die Belohnung gibt. Sie trainieren eigentlich wie oben beschrieben, verwenden aber den Clicker statt des Balles. Eine weitere Möglichkeit, die Aufmerksamkeit zu konditionieren, ist, dies über einen Leinenruck zu trainieren. Mit Leinenruck ist hier keinesfalls das starke Rucken an der Leine gemeint (wodurch sich der Hund Kehlkopfquetschungen zuziehen kann), sondern das Zupfen an der Leine. Hier gehen wir allerdings etwas anders vor als bei den eben genannten Varianten. Sie lassen auch hier den Hund bei Fuß gehen. Sollte er unaufmerksam werden, weil etwas am Boden so toll riecht, zupfen Sie an der Leine. Wenn der Hund Sie dann aufmerksam anschaut, bekommt er die Bestätigung. Der Hund lernt also, dass auf dieses Leinenzupfen immer eine Bestätigung erfolgt. Man sollte den Hund nicht so lange bei Fuß gehen lassen, bis er aus Überforderung unaufmerksam wird, denn das ist nicht der Sinn der Sache. Sie glauben gar nicht, wodurch sich Hunde ablenken lassen, also werden Sie genügend Möglichkeiten haben, den Hund auf den Leinenruck zu konditionieren. Nach und nach werden auch hier die Abstände zwischen Leinenruck und Bestätigung vergrößert, die Bestätigung muss aber auf jeden Fall erfolgen.

Wie setze ich die Varianten bei der Prüfung ein?

Hier entsteht nun ein Problem, da Sie den Hund laut Turnierordnung nicht ansprechen oder anderweitig auf ihn einwirken dürfen. Haben Sie sich also für die Variante mit dem Leinenruck entschieden, wird es schwierig sein, diese umzusetzen, da die Richter bei einem Leinenruck meist nicht besonders nachgiebig sind. Ein weiterer Nachteil der Variante mit dem Leinenruck ist es, dass Sie diese Methode nicht während der Freifolge einsetzen können, denn wo keine Leine ist, können Sie auch nicht den Hund damit zur Aufmerksamkeit bewegen. Für die Prüfung ist die Variante am besten geeignet, bei der Sie ein Kommando für die Aufmerksamkeit verwenden, denn dieses Kommando können Sie dem Hund zwischendurch ganz leise geben, ohne dass es jemand anders hört. Es gibt zum Beispiel Hundesportler, die ganz leise mit der Zunge schnalzen, bevor sie sich mit dem Hund in die Grundstellung begeben. Ich rate davon ab, dem Hund für jede Übung (ausgenommen Sitz und Platz aus der Bewegung) ein anderes kleines Signal zu geben, da Sie ja dort ein Kommando geben können. Ich halte es nur bei der Unterordnung für eine gute Hilfe, da die Unterordnung für den Hund sowieso schon sehr eintönig und langweilig ist. Jeder Richter verhält sich in der Bewertung aber anders, mancher hat nichts dagegen, wenn man ein wenig mit seinem Hund spricht, ein anderer gibt dafür Punktabzug. Ich denke, es kommt oft auch noch darauf an, welchen Sport Sie später betreiben möchten. Bei jemandem, der seinen Hund später auf Schutzhundprüfungen zeigen möchte, wird der Richter sicher etwas genauer hinschauen als bei solchen, die „nur" Agility mit ihrem Hund machen möchten. Ich möchte das nicht verallgemeinern, sondern gebe hier nur das wieder, was ich selbst erfahren habe oder wovon mir berichtet wurde.

Übungen für den Straßenteil

Auch die Begegnung mit anderen Hunden gehört zum Straßenteil der Begleithundprüfung.

Beim Straßenteil der Begleithundprüfung wird vom Hund Toleranz gegenüber anderen Hunden, Fußgängern, Joggern und Fahrradfahrern erwartet. Der Hund darf sich kein einziges Mal aggressiv zeigen, denn auch wenn er die Unterordnung auf dem Platz bestanden hat, kann er immer noch durchfallen, wenn er den Straßenteil nicht besteht. Daran sieht man auch, wie hart diese Prüfung ist. Man muss aber auch sagen, dass die wenigsten Hunde durchfallen, weil sie

Wenn die Straße überquert werden muss, kann es sein, dass auch auf der anderen Seite ein Hund wartet. Das macht diese Übung nicht einfacher.

den Straßenteil nicht geschafft haben. Oft fallen die Hunde schon bei der Unterordnung auf dem Platz durch und können somit gar nicht mehr am Straßenteil teilnehmen. Im Folgenden habe ich das Training für die einzelnen Aufgaben beschrieben, die vorkommen könnten. Was dann bei der Prüfung genau drankommt, entscheidet der Richter individuell.

Überqueren der Straße

Um diese Übung zu trainieren, sollte Ihr Hund das Kommando „Fuß" beherrschen.

Den Straßenteil können Sie überall dort trainieren, wo viele Menschen und Verkehr sind. Am besten eignet sich zu Beginn das Trainieren beim täglichen Spaziergang. Wenn Sie mit Ihrem Hund eine Straße überqueren müssen (diese muss nicht befahren sein), können Sie das gut für das Training des Straßenteils nutzen. Gehen Sie bis zur Bordsteinkante, bleiben Sie dort stehen und lassen Sie Ihren Hund neben sich absitzen (Grundstellung). Dann warten Sie einen Augenblick, und mit dem Kommando „Fuß" überqueren Sie die Straße. Wenn der Hund vorprescht, drehen Sie sich ohne Kommentar ruckartig um und stellen sich wieder an Ihren Ausgangspunkt: die Bordsteinkante. Lassen Sie den Hund erneut sitzen. Warten Sie wieder einen Augenblick, und auf das Kommando „Fuß" hin überqueren Sie mit Ihrem Hund die Straße. Wenn der Hund schön neben Ihnen gegangen ist und Sie den anderen Bordstein erreicht haben, bleiben Sie dort erneut stehen und lassen den Hund wieder neben sich absitzen (Grundstellung), dann erhält er seine Bestätigung. Lassen Sie den Hund nicht, wenn Sie auf der anderen Seite angekommen sind, einfach loslaufen. Er hat so lange bei Ihnen zu bleiben, bis Sie ihn gehen lassen. Das Sitzen nach dem Überqueren bietet sich daher sehr gut an, damit der Hund nicht lernt, dass er nach der Straßenüberquerung loslaufen darf, denn das könnte bei einer Prüfung fatal enden. Hinzu kommt bei einer Prüfung noch, dass Sie selbst aufgeregt und nervös sind, und was schon beim Training nicht geklappt hat, wird dann bei der Prüfung erst recht nicht klappen. Wenn alles auf einer unbefahrenen Straße gut geht, können Sie auch zu einer viel befahrenen Straße übergehen oder auch in der Fußgängerzone auf diese Weise die Seiten wechseln.

Anbinden

Diese Übung wird, wie auch das Überqueren der Straße, sehr oft vom Richter verlangt. Der Hund wird an einen Pfahl angebunden, und der Hundeführer entfernt sich, bis er außerhalb der Sichtweite des Hundes ist. Wenn der Hundeführer nicht mehr zu sehen ist, werden die anderen Hunde an dem angebundenen Hund vorbeigeführt. Der Hund – weder der, der vorbeigeführt wird, noch der, der angebunden ist – darf keinerlei Anzeichen von Aggression zeigen. Diese Übung können Sie mit Ihren Vereinskollegen trainieren, die ebenfalls an einer Begleithundprüfung teilnehmen möchten. Binden Sie Ihren Hund an und gehen Sie weg. Dann werden die anderen Hunde an ihm vorbeigeführt, und wenn das gut geklappt hat, kommen Sie zurück, binden Ihren Hund los und loben ihn überschwänglich. Wenn der Hund Aggression zeigt oder Angst hat, können Sie auch erst einmal allein üben. Sie binden den Hund an und gehen weg, ohne dass andere Hunde an ihm vorbeigeführt werden. Wenn er lieb und ruhig wartet, loben Sie ihn.

Reagiert er aggressiv, binden Sie den Hund an und bleiben neben ihm stehen, wenn die anderen Hunde vorbeigeführt werden. Zeigt der Hund dann Anzeichen von Aggression (ein drohendes Knurren reicht schon!), bestrafen Sie ihn sofort mit einem klaren und strengen „Nein!" und eventuell einem Leinenruck. Wenn der Hund sich ruhig verhält, wird er belohnt. Nach und nach vergrößern Sie den Abstand zu Ihrem Hund, während die anderen Hunde an ihm vorbeigeführt werden, bis auch Sie aus seinem Blickfeld verschwinden können.

Genauso muss auch der umgekehrte Fall geübt werden: Ein Hund wird angebunden und Sie führen Ihren Hund an diesem vorbei. Auch hier darf der Hund keine Aggression zeigen. Er soll bei Ihnen bleiben und darf auch nicht den Ansatz machen, mit anderen Hunden zu spielen. Auch so etwas, wie beispielsweise eine Spielaufforderung des Hundes, muss bei dieser Übung unterbunden werden. Hier geht es darum, dass die Hunde sich gegenseitig ignorieren. Bei einer Prüfung macht es weder einen guten Eindruck, wenn Ihr Hund Aggression zeigt, noch wenn er Sie wegen eines angebundenen Hundes mit dem er spielen möchte, hinter sich herzieht. Ihr Hund kann sonst immer mit anderen Hunden spielen und toben, doch bei allen Übungen, die sich auf die Prüfung beziehen, sollte es unterbunden werden.

Gruppentraining mit anderen Hunden und Menschen

Oft wollen die Richter auch, dass sich die Hunde mit Ihren Hundeführern in einer Reihe neben- oder hintereinander aufstellen. Dann wird ein Hund nach dem anderen im Slalom um die anderen Hunde herumgeführt. Hierbei dürfen keine auffälligen Verhaltensweisen der Hunde gezeigt werden. Genauso wie das Anbinden können Sie auch diese Übung mit Vereinskollegen üben. Bei dieser Übung sollten die Hunde in der Grundstellung sein. Am Anfang können Sie Ihren Hund mit viel Lob und Leckerli von den anderen Hunden ablenken, aber nach und nach muss diese Hilfe abgebaut werden, da bei der Prüfung keine Leckerchen erlaubt sind. Um diese Übung zu trainieren, sollte Ihr Hund das Kommando „Fuß" beherrschen. Bei einer anderen Übung gehen Sie mit Ihrem Hund in einen Kreis von Menschen. Je nach Richter darf der Hund stehen, liegen oder sitzen. Dann bewegt sich der Kreis immer enger auf Sie und Ihren Hund zu, bis Sie ganz eng zusammenstehen. Auch hier darf der Hund keine Aggression zeigen. Ich bin von dieser Übung nicht sehr begeistert, weil sie nicht artgerecht ist. Ein Hund, der hier Aggression zeigt, handelt eventuell aus Angst, weil er ja nicht aus diesem Kreis herauskommt und die anderen Menschen bedrohlich auf ihn wirken könnten. Dennoch müssen Sie die Übung trainieren. Am besten üben Sie anfangs mit Leuten, die Ihr Hund gut kennt und vor denen er keine Angst hat. Später können Sie auch mit unbekannten Leuten üben. Auch Leckerli können zu Beginn hilfreich sein. Sprechen Sie, falls erforderlich, auch beruhigend auf den Hund ein, und loben Sie ihn überschwänglich, wenn er sich lieb und ruhig verhalten hat.

!
Leckerchen sind bei der Prüfung nicht erlaubt

Einsatz von Eimern, Gittern und anderen erschreckenden Dingen

Bei der Begleithundprüfung kommt es vor, dass der Richter Gitter oder Ähnliches in Bewegung bringt, sodass laute Geräusche erzeugt werden, oder einen Eimer vor die Hunde wirft, während sie daran vorbeigeführt werden. Wichtig ist, dass die Hunde auch hier keine große Angst zeigen. Aber auch für diesen Fall können Sie mit Ihrem Hund üben. Sie brauchen nur eine zweite Person. Gehen Sie ganz normal mit Ihrem Hund, wobei der Hund möglichst ruhig und gelassen bei Fuß gehen sollte. Dann kann die Hilfsperson einen Eimer wegschießen oder wegwerfen. Nicht auf den Hund zu, sondern an ihm vorbei, es geht ja nur darum, dass der Hund vor dem Geräusch keine Angst zeigt. Wenn es ihm nichts ausmacht, loben Sie ihn. Wenn es ihm Angst macht, zeigen Sie ihm den Eimer und lassen ihn eventuell ein Leckerli aus dem Eimer fressen, damit er die Angst davor verliert. Gehen Sie daher bei diesem Training behutsam vor, denn der Hund geht an alles Neue neutral heran, und nur durch seine Erfahrungen sieht er es später positiv oder negativ. Achten Sie also darauf, dass der Hund keine Angst vor dem Eimer oder Gitter bekommt, denn das wäre für die Prüfung fatal! Bei dem Gitter sieht das Ganze ähnlich aus. Die Hilfsperson stellt sich an ein Gitter, und wenn der Hundeführer mit seinem Hund daran vorbeiläuft, rappelt und scheppert die Hilfsperson am Gitter. Auch hier muss der Hund gelobt und bestärkt werden, wenn er keine Angst zeigt und selbstsicher an dem scheppernden Gitter vorbeigeht. Sollte er

Beim Slalom kommen sich die Hunde unter Umständen sehr nahe.

Angst oder Unsicherheit zeigen, gehen Sie mit dem Hund zu dem nicht scheppernden Gitter hin und geben ihm dort ein Leckerli. Ziehen Sie den Hund aber nicht zu dem Gitter, sondern gehen Sie nur so nahe heran, wie der Hund bereit ist mitzugehen. Wenn Sie ihn ziehen, wird das seine Angst nur verstärken! Locken Sie den Hund mit Leckerchen oder werfen Sie seinen Lieblingsball zu dem Gitter. Nun sollte nicht am Gitter gerappelt werden, damit dies den Hund nicht wieder in Angst versetzt. Erst wenn der Hund keinerlei Angst mehr zeigt, kann mit der Übung aufs Neue begonnen werden.

Üben in der Stadt

Auch die Stadt eignet sich gut zum Einüben des Straßenteils. Zum einen, weil dort es dort viele Menschen, Fahrräder und andere Hunde gibt, zum anderen, weil eine gewisse Hektik herrscht und die Geschäfte beengt sind (dies kann hilfreich für das Einüben der Menschengruppe sein). Wenn ich mit meinen Hunden in die Stadt gehe, mache ich in den Geschäften immer Folgendes: Ich lege den Hund ab und gehe kurz weg in einen anderen Gang, gehe dann wieder zurück und belohne den Hund. So kann das Ablegen unter Ablenkung noch perfektioniert werden. Ihr Hund sollte aber die Ablage auf dem Hundeplatz beherrschen, bevor Sie ihn in einem Geschäft ablegen. Sinnvoll ist auch, mit dem Hund in einem Geschäft zwischen anderen Leuten hindurchzugehen und ihm beizubringen, dass er sich nicht ablenken lässt. Wenn Sie durch die Stadt bummeln, können Sie den Hund auch einmal ganz unvermittelt aus der Bewegung absitzen oder sich hinlegen lassen. Gehen Sie dann einige Schritte weiter und (wenn er sitzt) wieder zurück, belohnen ihn und gehen weiter. Beim Platz aus der Bewegung können Sie ihn auch zu sich rufen. Achten Sie aber darauf, dass der Hund dann ein perfektes Vorsitzen zeigt und auch ordentlich in die Grundstellung geht. Um den Straßenteil zu üben, ist meiner Meinung nach die Stadt der beste Ort, denn dort wird der Hund mit allem konfrontiert, was auch in der Prüfung verlangt wird.

Das Turnierreglement zur Begleithundprüfung

Im Folgenden finden Sie das Turnierreglement, nach dem Sie sich bei einer Begleithundprüfung richten müssen. Der Prüfungstag beginnt mit der theoretischen Prüfung. Wenn Sie diese bestanden haben, folgt die Prüfung auf dem Platz

Bestanden oder nicht bestanden? Hier erklärt der Richter den beiden Teams die Prüfungsergebnisse.

und anschließend der Straßenteil. In der gleichen Reihenfolge finden Sie diese drei Prüfungsteile auch im folgenden Kapitel.

Die theoretische Prüfung

Bei der theoretischen Prüfung wird das Wissen des Hundeführers unter Beweis gestellt. Es wird zum Beispiel gefragt, wie lange die Tragzeit einer Hündin ist oder welche Körpersignale der Hund zeigt, wenn er aggressiv ist. Um für die theoretische Prüfung lernen zu können, gibt es einen Fragenkatalog, den Sie über Ihren Verein beziehen können. Die theoretische Prüfung, auch Sachkundenachweis genannt, müssen Sie nur bei Ihrer ersten Begleithundprüfung absolvieren oder dann, wenn Ihre letzte Begleithundprüfung zu lange zurückliegt.

Die praktische Prüfung

Allgemein ist zu sagen, dass alle Hunde aller Rassen und Größen ab einem Alter von 15 Monaten zur Begleithundprüfung zugelassen sind. Die Prüfung beginnt mit der sogenannten Unbefangenheitsprüfung. Dabei wird der Hund zum Richter geführt und Tätowiernummer sowie Chipnummer werden kontrolliert. Hunde, die bei dieser Prüfung anhand der Tätowier- oder Chipnummer nicht identifiziert werden können, werden nicht zur Prüfung zugelassen. Hunde, die sich hier auffällig verhalten, können von der Prüfung disqualifiziert werden. Der Hund darf ein Geschirr, ein normales Halsband oder ein Kettenhalsband tragen, das aber so eingestellt sein muss, dass es sich nicht zuziehen kann. Auch Zacken oder Krallen am Halsband sind nicht zulässig. Die Kettenhalsbänder werden meistens bei Prüfungen im SV (Schäferhund Verein) gefordert. Das Geschirr darf keine zusätzlichen Schnallungen haben. Die ganze Zeit dürfen keine Triebmittel (Leckerli, Spielzeug) mitgeführt werden. Hat der Hundeführer eine Behinderung, darf der Hund (nach vorheriger Absprache mit dem Richter) je nach Behinderung an der rechten Seite geführt werden. Es dürfen auch englische Kommandos für den Hund benutzt werden, wenn der Hund zum Beispiel nur auf Englisch ausgebildet wurde, aber auch dies ist in der Anmeldung zu vermerken und muss dem Richter vor der Prüfung mitgeteilt werden. Der Hund darf nur in der Grundstellung durch Streicheln und Worte gelobt werden, ansonsten ist dies nicht gestattet.

Unterordnung, Gesamtpunktzahl: 60

Die Unterordnung ist bestanden, wenn mindestens 42 Punkte erreicht wurden. Es gibt aber keine Punktangaben, sondern nur die Mitteilung „bestanden" oder „nicht bestanden".

Leinenführigkeit und Freifolge (jeweils 15 Punkte)

Jede Übung beginnt und endet mit der Grundstellung, bei der der Hund links neben dem Hundeführer sitzen muss, mit seinem rechten Schulterblatt auf der

Die Freifolge erfordert besondere Konzentration des Mensch-Hund-Teams.

Höhe des linken Knies des Hundeführers. Die Grundstellung darf vor jeder Übung nur einmal eingenommen werden, und der Hundeführer hat in einer sportlichen Haltung neben seinem Hund zu stehen. Grätschstellungen sind nicht erlaubt. Aus der Grundstellung heraus fängt die Prüfung mit dem Kommando Fuß an, worauf der Hund freudig mit seinem Hundeführer 50 Schritte im Normalschritt geradeaus zu gehen hat. Dann folgt eine Kehrtwendung, die immer als Linkskehrtwendung gezeigt werden muss, wobei der Hund hinter dem Hundeführer herumlaufen darf oder mit dem Hundeführer eine Linkswendung zeigt, bei der der Hund

In der Prüfung muss sich der Hundeführer des abgelegten Hundes 20 bis 30 Schritte von seinem Hund entfernen. Hier läuft das Team, das die Unterordnung zeigt, an dem abgelegten Hund vorbei. Er muss jetzt trotz der Ablenkung ruhig liegen bleiben.

an der linken Seite bleibt. Nach zehn Schritten folgt der Laufschritt, und nach weiteren zehn Schritten folgt der langsame Schritt, der ebenfalls zehn Schritte umfasst. Nun geht es 30 Schritte geradeaus, dann kommt eine Rechtswendung, 15 Schritte Normalschritt, und wieder eine Rechtswendung mit 15 Schritten. Dann ist wieder eine Kehrtwendung und nach sechs bis zehn Schritten die Grundstellung zu zeigen. Auf ein Zeichen des Richters hin gehen Sie die Winkel (diesmal linksherum) wieder zurück und auf die Gruppe zu. Gehen Sie sofort in die

Gruppe hinein, laufen Sie in Form einer Acht um die Menschen und stellen Sie sich mit dem Hund in die Mitte. Auf ein Zeichen des Richters hin gehen Sie aus der Gruppe, entfernen sich ein Stück, zeigen eine Kehrtwendung und begeben sich nach etwa vier Schritten in die Grundstellung. Jetzt nehmen Sie dem Hund die Leine ab (die Leine muss entweder umgehängt oder in einer Tasche verstaut werden), gehen wieder durch die Gruppe und lassen den Hund wieder in der Mitte sitzen. Auf ein Zeichen des Richters hin gehen Sie aus der Gruppe und stellen sich wieder an Ihren Ausgangspunkt der Übung, an dem die Grundstellung zu zeigen ist. Danach laufen Sie das ganze Schema ohne Leine. Bei dieser Freifolge können 15 Punkte erreicht werden.

Sitz aus der Bewegung (10 Punkte)

Aus der Grundstellung heraus mit dem Kommando „Fuß" gehen Hund und Hundeführer zehn bis 15 Schritte im Normalschritt, danach folgt vom Hundeführer das Hörzeichen „Sitz", worauf sich der Hund schnell zu setzen hat, ohne Hilfen des Hundeführers, wie zum Beispiel Handzeichen oder Verlangsamen des Schrittes. Der Hundeführer geht jetzt 30 Schritte weiter, bleibt stehen und dreht sich zum Hund um. Auf das Zeichen des Richters hin geht der Hundeführer zu seinem Hund und stellt sich rechts neben ihn (Grundstellung).

Platz aus der Bewegung mit Hereinkommen (10 Punkte)

Aus der Grundstellung heraus und dem Kommando „Fuß" geht der Hundeführer zehn bis 15 Schritte mit seinem Hund im Normalschritt, danach folgt das Hörzeichen „Platz", worauf sich der Hund zügig und ohne weitere Hilfen hinzulegen hat. Der Hundeführer entfernt sich 30 Schritte, dreht sich dann zu dem Hund, um ihn auf das Zeichen des Richters hin mit dem Hörzeichen „Hier" heranzurufen. Der Hund hat freudig und schnell zu kommen und muss sich dann korrekt und gerade vor den Hundeführer setzen. Auf das Zeichen des Richters hin wird der Hund mit dem Hörzeichen „Fuß" in die Grundstellung gerufen und hat sich korrekt neben seinen Hundeführer zu setzen. Der Hund wird dann angeleint.

Ablage unter Ablenkung (10 Punkte)

Der Hund wird auf dem Platz an einem dafür vorgesehenen Ort, entweder am Anfang oder Ende des Unterordnungsteils, abgelegt. Die Übung beginnt mit der Grundstellung, in der die Leine abgenommen und angemessen beim Hundeführer verstaut wird (umhängen oder in die Jackentasche). Dann folgt vom Hundeführer das Kommando „Platz", der Hund hat sich zu legen, und der Hundeführer entfernt sich ohne weitere Hörzeichen vom Hund, bis der Richter dem Hundeführer das Zeichen zum Anhalten gibt. Das Zeichen erfolgt oft nach 20 bis 30 Schritten. Der Hund muss ruhig liegen bleiben (wenn er sich mehr als eine Körperlänge vorwärtsbewegt, ist diese Übung nicht bestanden), bis der Hundeführer seinen Hund, auf ein Zeichen des Richters hin, wieder abholt. Der Hundeführer stellt sich neben den liegenden Hund, bringt ihn mit dem Kommando „Sitz" in die Grundstellung und leint ihn an.

!

Bei der Ablage muss der Hund ruhig liegen bleiben

Der Straßenteil

Beim Straßenteil kann der Richter am meisten variieren. Er kann entscheiden, ob die nachfolgenden Übungen nur mit einem Hund oder mit allen Hunden durchgeführt werden. Es darf auch für die Übungen der Prüfungsort gewechselt werden.

Begegnung mit Personen, Radfahrern und Autos

Auf ein Zeichen des Richters muss der Hundeführer mit seinem Hund auf eine Personengruppe zugehen, wobei der Hund von den Personen bedrängt oder auch berührt wird. Der Hund muss an lockerer Leine und möglichst auf Kniehöhe gehen. Der Hund muss sich neutral und unbeeindruckt zeigen. Danach folgt eine Personengruppe mit ungefähr sechs Leuten. Eine dieser Personen spricht den Hundeführer an und begrüßt diesen, zum Beispiel mit Handschlag. Während der Begrüßung muss der Hund sich auf das Kommando des Hundeführers hin setzen oder legen und hat ruhig zu warten, bis die Unterhaltung beendet ist.

Hund und Hundeführer gehen einen Straßenabschnitt entlang und werden erst von einem Fahrrad überholt, das von hinten kommt und dabei klingelt. Der Hund ist angeleint und hat sich neutral zu verhalten. Danach wendet der Radfahrer und fährt, von vorn kommend, wieder mit einem Klingeln an Hundeführer und Hund vorbei. Der Hund hat sich während dieser Übung immer zwischen Fahrrad und Hundeführer zu befinden. Bei der Begegnung mit Autos geht der Hundeführer mit seinem angeleinten Hund an verschiedenen Autos vorbei und eines dieser Autos wird gestartet. Beim nächsten Auto wird dann eine Tür zugeschlagen. Dann hält zum Beispiel ein Auto direkt neben Hund und Hundeführer, und es beginnt eine kurze Unterhaltung mit dem Fahrer, wobei die Fensterscheibe heruntergelassen wird. Auch hier hat sich der Hund, je nach Kommando des Hundeführers, zu setzen oder zu legen und geduldig abzuwarten. Alles passiert, während Hund und Hundeführer an dem betreffenden Auto vorbeigehen. Bei all diesen Übungen muss der Hund sich den Autos und Geräuschen gegenüber ruhig und unbeeindruckt zeigen.

Begegnung mit anderen Hunden und Joggern oder Inlineskatern

Bei der Begegnung mit einem anderen Hund gehen zwei Hundeführer mit ihren angeleinten und bei Fuß gehenden Hunden aufeinander zu. Zur Hilfe darf das Hörzeichen „Fuß" verwendet und eventuell wiederholt werden. Bei der Begegnung können die Hunde ins Sitz oder Platz gebracht werden. Auch hier haben sich die Hunde neutral und unbeeindruckt zu zeigen. Jegliche Aggression kann, je nach Ausmaß, zur Disqualifikation führen.

Bei der Begegnung mit Joggern oder Inlineskatern geht der Hundeführer mit seinem angeleinten Hund wieder einen Weg entlang, während mindestens zwei Jogger oder Inlineskater ihn überholen. Wenn die ersten zwei vorbei sind, folgen zwei weitere Jogger oder Skater, die ebenfalls Hund und Hundeführer überholen, ohne das Tempo zu verringern. Der Hund braucht bei dieser Übung nicht korrekt bei Fuß zu gehen, darf die Jogger

Die Begegnung mit anderen Hunden muss vor der Prüfung gut geübt werden.

und Skater aber nicht belästigen. Bei der Begegnung darf der Hund auch ins Sitz oder Platz gebracht werden, muss sich aber ruhig und neutral verhalten.

Anbinden im Verkehr und Verhalten anderen Tieren gegenüber

Der Hund wird an einer mäßig befahrenen Straße angebunden und der Hundeführer entfernt sich außer Sichtweite des Hundes. Der Hund braucht keine korrekte Position einzuhalten, er darf stehen, liegen oder sitzen, muss sich jedoch ruhig verhalten. Während der Hund angebunden ist, geht eine andere Person mit ihrem angeleinten Hund vorbei. Der Hund darf, wenn der andere Hund vorbeigeführt wird, nicht an der Leine zu dem anderen Hund hinzerren oder übermäßig bellen, also Aggression zeigen. Auf Anweisung des Richters wird der Hund wieder abgeholt.

Der Prüfungstag

Wenn Ihr Hund nun so weit ist, um an der Begleithundprüfung teilzunehmen, können Sie sich anmelden. Für die Anmeldung zur Prüfung brauchen Sie folgende Utensilien:

- Mitgliedsausweis Ihres Vereins
- Leistungsurkunde
- Sportpass

Das alles können Sie über Ihren Verein beziehen, wobei ich anmerken möchte, dass die nötigen Unterlagen von Verein zu Verein variieren können, je nachdem, welchem großen Verband (DVG oder SV) Ihr Verein angehört. Informieren Sie sich rechtzeitig, damit Sie alles früh genug haben, denn sonst können Sie an keiner Prüfung teilnehmen.

Wo die nächste Begleithundprüfung stattfindet, können Sie über Ihren Verein erfahren. Ich rate eigentlich dazu, die erste Prüfung auf dem eigenen Vereinsgelände zu machen, da die Hunde und die Hundeführer oft sehr aufgeregt und auch unerfahren sind. Der eigene Platz bietet somit Sicherheit.

Tipp:
Auch an Ihrem Prüfungstag können Sie mit dem Hund ein wenig auf dem Platz spielen, am besten vor der Prüfung, um dem Hund etwas von der Anspannung zu nehmen.

So gewöhnt man den Hund an die Prüfungssituation

Bevor Sie Ihre eigene Prüfung laufen, ist es ratsam, sich vorher eine oder mehrere Begleithundprüfungen anzusehen. Nehmen Sie auf jeden Fall Ihren Hund mit, denn auch für ihn ist es stressig und auch Hunde sind nervös. Wenn zum Beispiel gerade Mittagspause ist, können Sie mit Ihrem Hund ein bisschen auf dem Platz spielen oder Unterordnung üben. Durch diese Vorbereitung gewöhnt sich der Hund an die vielen anderen, oft fremden Hunde und die vielen Menschen. Aber erst, wenn die Prüfung gekommen ist, kann man sagen, ob der Hund gut vorbereitet war oder nicht. Wenn Sie ihn auf verschiedene Prüfungen mitnehmen, ohne mit ihm teilzunehmen, kann sich dies positiv auf den Hund auswirken, sodass er ruhiger ist. Sie müssen aber immer im Hinterkopf behalten, dass Sie am Prüfungstag selbst jedoch nicht auch aufgeregt sind, was Sie nicht sind, wenn Sie nur als Zuschauer mit Ihrem Hund an einer Prüfung teilnehmen. Etwas Lampenfieber bleibt immer, auch wenn Sie die Begleithundprüfung schon fünf oder sechs Mal bestanden haben. Jede Prüfung hilft Ihnen aber, neue Erfahrungen zu sammeln und ruhiger an die nächste Prüfung heranzugehen.

Wenn der Tag gekommen ist

Heute ist also Ihre erste Prüfung und Sie sind natürlich mächtig aufgeregt. Werde ich die Prüfung bestehen? Was ist, wenn mein Hund in der Ablage aufsteht? Ist mein Hund wirklich schon weit genug für diese Prüfung? Das sind eigentlich die typischen Fragen. Um die letzte Frage ausschließen zu können, sollten Sie den Hund intensiv und mit Perfektion auf diesen großen Tag vorbereitet haben, dann wird die Prüfung schon klappen. Damit Sie in Ihrer Eile nichts vergessen, habe ich hier eine Checkliste für alles, was Sie benötigen:

- Ein-Meter-Leine (für die Prüfung)
- Zwei-Meter-Leine (zum Spazierengehen)
- Kottüten
- Wassernapf und Wasserflasche, da man nicht immer in der Nähe einen Wasserhahn hat, um dem Hund Wasser zu geben
- Motivationsutensilien (zum Beispiel Spielzeug) und Leckerchen
- Sitzgelegenheiten, zum Beispiel einen Klappstuhl
- Mitgliedsausweis Ihres Vereins
- Leistungsurkunde oder Leistungsheft
- Eventuell die Papiere des Hundes, da dort bestandene Prüfungen ebenfalls eingetragen werden
- Eventuell Sportpass, je nach Verein
- Geld, um das Startgeld und zum Beispiel ein Mittagessen bezahlen zu können

Wichtig ist, dass Sie die Leckerchen auf keinen Fall bei Ihrer Prüfung mitführen, egal ob im Straßenteil oder bei der Unterordnung auf dem Platz. Es ist verboten und führt zur sofortigen Disqualifizierung. Es mag sein, dass manche Halter mit solchen Tricks durchkommen, aber das sind keine fairen Sportskameraden. Wir wollen sehen, was unser Hund kann, und dieses Verhalten wird bei einer Begleithundprüfung überprüft. Vor Ihrem Lauf können Sie Ihren Hund mit dem Spielzeug oder Leckerchen motivieren, aber nicht während der Prüfung. Wenn Sie morgens auf dem Platz angekommen sind, schlage ich vor, sich erst einmal anzumelden. Bei der Anmeldung bekommen Sie Ihre Startnummer und oft noch eine Wertmarke für ein Mittagessen. Vorher können Sie sich aber auch schon mit Brötchen und Kaffee stärken. Meist findet man an zentraler Stelle auch eine Liste mit allen Startern und dem geplanten Tagesprogramm. Dort können Sie dann schauen, wie viel Zeit Ihnen noch bleibt, um zum Beispiel kurz vorher eine Runde mit Ihrem Hund zu gehen. Es ist empfehlenswert, am Prüfungstag die gleichen, oft nicht mehr ganz sauberen Kleidungsstücke anzuziehen, die man auch bei den Trainingsstunden trägt. Bei

frisch gewaschener oder völlig anderer Kleidung könnte der Hund irritiert sein und dadurch unsicher werden. Man sollte daher jede mögliche Unsicherheitsquelle so gut wie möglich ausschließen.
Nach meinen Erfahrungen laufen Begleithundprüfungen immer sehr entspannt und ohne große Hektik ab. Nachdem dann die ganze Prüfung beendet ist, folgt die Siegerehrung. Danach müssen die Startnummern abgegeben und Papiere wieder abgeholt werden.

Prüfungsangst und wie man sie besiegt

Wenn ich am Prüfungstag morgens aufstehe, kann ich nichts essen. Ich bin immer sehr nervös, doch wenn ich dann einen Fuß auf den Platz setze, ist meine ganze Nervosität weg und ich konzentriere mich nur noch auf meinen Hund – oder aber ich bin morgens ganz entspannt, und sobald ich den ersten Fuß auf den Platz setze, sehr aufgeregt.

Streicheln, Massage und T-Touch® können die Aufregung ein wenig mildern.

Schon morgens schaue ich mir den Platz, auf dem die Prüfung stattfindet, ganz genau an. Gedanklich läuft ein Videofilm in meinem Kopf ab, wie ich mir den Platz einteile. Ich finde es ratsam, wenn man sich Punkte auf dem Platz festlegt. Um zum Beispiel die 50 Schritte gerade und nicht schräg zu laufen, sollte man sich ein auffallendes Objekt aussuchen, auf das man zuläuft. Es ist nämlich nicht ratsam, die Schritte immer genau mitzuzählen, wenn man die Begleithundprüfung läuft, das kann irritieren. Wenn der Hund dann auch noch unaufmerksam wird, verzählt man sich leicht. Ich suche mir auch hier wieder Punkte, wie zum Beispiel einen Busch, an dem ich mit dem Laufschritt anfange oder an dem ich die Rechtswendung ausführe. Ich finde es sehr sinnvoll, doch Einsteiger können die Entfernungen oft nicht so gut abschätzen. Meiner Meinung nach erfordert auch die sinnvolle Platzeinteilung etwas Erfahrung. Aber da ich davon ausgehe, dass Sie Ihre erste Begleithundprüfung bei Ihrem Verein laufen, dürfte mein Vorschlag der Platzeinteilung umsetzbar sein, da Sie ja schon lange auf dem Platz trainieren und ihn somit gut kennen und einschätzen können. Sie können auch mit Ihrem Trainer eine sinnvolle Platzeinteilung absprechen, er kann Ihnen sicher noch die letzten Tipps geben.

Wichtig ist aber, dass Sie selbstsicher an die Prüfung herangehen, denn Sie sind ja nicht allein: Ihr Teampartner Hund ist an Ihrer Seite. Jede Unsicherheit oder Angst überträgt sich auf den Hund. Es ist leichter gesagt als getan, keine Unsicherheit oder Angst zu zeigen, da man sich in dieser Situation seiner Sache natürlich noch nicht ganz sicher ist. Wenn man unsicher ist oder Angst hat, zweifelt man oft an sich selbst oder seinem Hund. Man malt sich das Schlimmste aus: Was, wenn der Hund wegläuft? Was, wenn mein Hund aus der Ablage aufsteht? Was, wenn er sich bei der Unterordnung zu sehr ablenken lässt? Sie sollten aber immer daran denken, dass Ihr Trainer Sie zu dieser Prüfung zugelassen hat und einschätzen kann, ob Sie in der Lage sind, diese zu bestehen. Ein guter Satz zum Mutmachen ist auch: Wir haben trainiert bis zur Perfektion, also werden wir es schaffen! Falls dann doch gar nichts klappen will, nutzen Sie die Begleithundprüfung als Übungsstunde. Sprechen Sie mit Ihrem Hund und lassen Sie sich nicht aus der Ruhe bringen! Jede nicht bestandene Begleithundprüfung kann Sie höchstens weiterbringen und niemals zurückwerfen! Der Richter sagt Ihnen Ihre Fehler und Sie können an diesen Fehlern arbeiten.

Tipp:

Hilfreich gegen Lampenfieber kann beim Hund auch der sogenannte T-Touch®, eine von Linda Tellington-Jones entwickelte Methode sein, bei der der Hund an verschiedenen Stellen gezielt massiert wird. Vielleicht beruhigt auch Sie diese stille Beschäftigung mit dem Hund ein wenig.

Ein guterzogener Begleithund kann im Alltag viele Freiheiten genießen.

Der Begleithund im Alltag

Eine bestandene Begleithundprüfung bringt erst einmal viele Vorteile mit sich. Einerseits hat Ihr Hund gelernt, dass er auf das Kommando „Fuß" hin sofort bei Fuß zu gehen hat, was sich als sehr hilfreich in der Stadt erweist. Andererseits hat er auch gelernt, ruhig an anderen Hunden vorbeizugehen, diese zu ignorieren und ruhig vor einem Geschäft auf seinen Besitzer zu warten. So sollte es im Idealfall sein, aber damit es so ist, müssen Sie mehr tun, als nur für die Begleithundprüfung zu trainieren. Ihr Hund wird sich sicherlich zu Hause anders verhalten als auf dem Hundeplatz, womit wir gleich bei einem typischen Problem wären: Ihr Hund hat bis jetzt nur platzgebunden gelernt, das heißt, dass er diese ganzen Übungen nur mit dem Hundeplatz und den dortigen Personen verbindet. Auf dem Hundeplatz gibt es nur wenige Hunde, die sich raufen, da sie sich kennen und wissen, dass auf dem Hundeplatz mit dem Hundeführer gearbeitet und nicht mit anderen Hunden gespielt wird. So ruhig Ihr Hund beim Training an den anderen Hunden vorbeigeht, so anders kann er sich im Alltag verhalten, wenn er unbedingt zu einem anderen Hund möchte. Ich möchte hier auf gar keinen Fall den Eindruck erwecken, dass die Begleithundprüfung nutzlos sei, ich möchte Ihnen ans Herz legen, dass Sie die Elemente der Begleithundprüfung auch in Ihren Alltag integrieren, den Hund also zum Beispiel vor einem Geschäft ablegen oder Elemente aus dem Straßenteil der Prüfung im täglichen Leben trainieren. Sie werden nämlich nur dann einen idealen Begleithund haben, wenn Sie regelmäßig die Unterordnung in der Stadt üben. Eines sollten Sie immer im Hinterkopf behalten: Die Erziehung zu Hause und das Training auf dem Hundeplatz sind zwei ganz verschiedene Dinge. Das Training auf dem Hundeplatz gibt Ihnen Anstöße für zu Hause, ersetzt aber nicht die Übungen, die im Alltag durchgeführt werden sollten, sondern dient nur als Unterstützung. Diese These kann durch viele Beispiele untermauert werden. Es gibt viele Hunde, die auf dem Hundeplatz alles sehr gut machen und auf ihren Besitzer hören, wenn sie aber zu Hause sind, ist nichts mehr von dieser Erziehung zu erkennen. Oft kommen die Leute mit falschen Erwartungen zu einer Hundeschule. Viele denken nämlich, die Trainer auf dem Hundeplatz übernehmen die Erziehung ihres Hundes, was aber nicht so ist. Die Übungen auf dem Hundeplatz dienen gewissermaßen nur der Beschäftigung mit dem Hund, das eigentliche und regelmäßige Training zu Hause kann nicht durch den Besuch eines Hundeplatzes oder einer Hundeschule ersetzt werden. Wie schon erwähnt, können Sie sich Anregungen und Tipps bei den Trainingseinheiten des Hundeplatzes holen und sich informieren, nicht mehr und nicht weniger. Und: Begleithund ist nicht gleich Begleithund.

Schlusswort

In diesem Buch haben Sie jetzt viele wichtige Informationen zur Vorbereitung auf die Begleithundprüfung bekommen, haben alle erforderlichen Übungen kennengelernt und einiges über das richtige Training des Hundes erfahren. Ich freue mich, wenn Sie sich etwas aus meinem Buch zu Herzen nehmen. Natürlich hoffe ich auch, dass Sie alle hier beschriebenen Übungen und Tipps verwenden und auch umsetzen können, denn ich habe mir Mühe gegeben, alle Übungen, besonders für Einsteiger, verständlich zu erklären.

Ich weiß aus Erfahrung, dass eine Begleithundprüfung nicht so einfach ist, wie viele denken. Ich absolvierte meine erste Begleithundprüfung mit meinem Hovawart-Rüden Ayco, den ich selbst auf dieses Ziel hin ausbildete, im Alter von zwölf Jahren. Ich kenne das Gefühl der Frustration, wenn der Hund eine Übung, zumindest aus der Sicht des Hundeführers, einfach nicht begreifen will. Das kann manchmal deprimierend sein, mittlerweile sehe ich das aber lockerer. Ich hoffe, dass Sie das auch können, denn der Erfolg kommt von ganz allein, wenn Sie nur eifrig weitertrainieren und sich nicht entmutigen lassen. Mit „eifrig“ ist kein übertriebener Ehrgeiz gemeint, der würde Sie sicherlich eher zurückwerfen als nach vorn bringen.

Ich wünsche Ihnen immer ganz viel Spaß bei der Arbeit mit Ihrem Hund. Außerdem viel Erfolg und gutes Gelingen für Ihre vielleicht bald bevorstehende Begleithundprüfung!

Juhuu! Begleithund-prüfung geschafft!

Danke

Vor allem danke ich meinen beiden Hovawart-Rüden Ayco und Gianni. Ohne sie hätte ich niemals so viel Spaß und würde mein Leben nicht als perfekt empfinden. Ich denke, ohne sie wäre ich vielleicht nie zum Hundesport gekommen und hätte nie darüber schreiben können. Einen weiteren Dank schulde ich meinen Eltern, Wolfgang und Martina Kaiter, die mich in meinem Hobby unterstützen, mich mehrmals in der Woche zum Hundeplatz fahren, lange Turniertage mit mir verbringen und all dies tun, ohne meine Leidenschaft zum Hundesport mit mir zu teilen. Ohne sie könnte ich mein Hobby niemals in diesem Maße ausüben, wie ich es jetzt tun kann. Ich danke auch den Trainerinnen und Trainern des DVG MV Ahlen. Sie haben mich und meine Hunde zu begeisterten Hundesportlern gemacht und stehen mir immer mit Rat und Tat zur Seite.
Danke an alle!

Adressen

Homepage der Autorin:
www.myblog.de/dogsport

Adresse des Vereins der Autorin:
DVG MV Ahlen
Mitglied im Deutschen Verband der Gebrauchshundesportvereine (DVG)
August-Kirchner-Straße 12
59227 Ahlen

Autorin

Christin Kaiter lebt in Ahlen in Westfalen. Sie ist mit Hunden aufgewachsen und absolvierte schon früh ihre erste Begleithundprüfung. Die junge Autorin ist seit Jahren mit ihren Hovawarts im Turnierhundesport aktiv. Zu diesem Thema erschien bereits ihr Buch *„Turnierhundesport"* im Cadmos Verlag.

Literatur

Bireth, Werner:
Fährtenarbeit
Brunsbek: Cadmos Verlag 2003

Kaiter, Christin:
Turnierhundesport
Brunsbek: Cadmos Verlag 2007

Laser, Birgit:
Obedience
Brunsbek: Cadmos Verlag 2006

Lau, Brigitte:
Agility
Brunsbek: Cadmos Verlag 2004

Lehari, Gabriele:
Hunde richtig verstehen
Brunsbek: Cadmos Verlag 2002

Pryor, Karen:
Positiv bestärken – sanft erziehen
Stuttgart: Franckh-Kosmos Verlag 2006

Tellington-Jones, Linda:
Der neue Weg im Umgang mit Tieren
Franckh-Kosmos Verlag 1999

CADMOS HUNDEBÜCHER

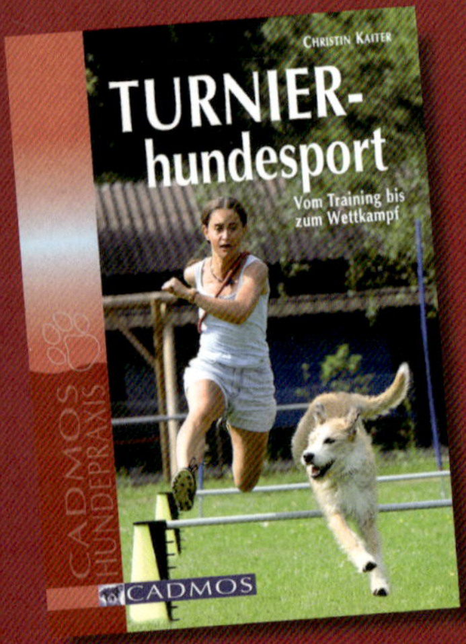

Christin Kaiter

TURNIERHUNDESPORT

Die Zusammenarbeit von Mensch und Hund ist die Grundlage des Turnierhundesports. In diesem Buch werden alle Übungs- und Trainingsmethoden sowie die Vorbereitung für die Teilnahme an Turnieren ausführlich beschrieben.
Eine Vorstellung des Parcourstrainings und der verschiedenen Disziplinen nach dem gültigen Turnierreglement macht dieses Buch zu einem wichtigen Ratgeber für den Hundesportler.

76 Seiten, broschiert
ISBN 978-3-86127-747-7

Gabriele Lehari

HUNDE RICHTIG VERSTEHEN

Wenn wir Hunde richtig verstehen, können wir ihnen auch besser vermitteln, was wir von ihnen verlangen - eine grundlegende Voraussetzung für ein harmonisches Miteinander von Mensch und Hund. Wie man die "Sprache" der Hunde richtig interpretiert und was bestimmte Verhaltensweisen bedeuten, ist in diesem Ratgeber anschaulich erklärt.

32 Seiten, broschiert
ISBN 978-3-86127-652-4

Brigitte Lau

AGILITY

Jeder, der sich für Agility interessiert und begeistert, findet in diesem Buch ausführliche Informationen zu diesem Sport, zahlreiche Tipps und Anleitungen für das Training und die Wettkampfvorbereitung, sowie eine Reihe aktueller Beispiel-Parcours für eine sinnvolle Gestaltung des Trainings.

112 Seiten, gebunden
ISBN 978-3-86127-780-4

Birgit Laser

OBEDIENCE

Obedience ist ein Sport für jeden Hund und jeden Hundehalter. Es kann ein schonender sportlicher Spaß, ein Fitness- und Intelligenztraining oder ein sehr anspruchsvoller Leistungssport sein, bei dem die Perfektion im Laufe von Jahren erarbeitet wird. Das Buch zeigt, wie das Training Schritt für Schritt so aufgebaut wird, dass sich keine Fehler einschleichen und Situationen für den Hund geschaffen werden, die zum Erfolg führen.

112 Seiten, gebunden
ISBN 978-3-86127-705-7

Werner Biereth

FÄHRTENARBEIT — SPURENSUCHE MIT DEM HUN

Die Fährtenarbeit ist Bestandteil der Ausbildur für Gebrauchshunde und eine Disziplin bei der Vielseitigkeitsprüfung, gleichzeitig aber auch eine artgerechte Beschäftigungsmöglichkeit, c die Hunde nicht nur körperlich, sondern auch geistig fordert. In diesem Buch erfahren Sie alles über die Voraussetzungen, den Trainingsaufbau, den Fährtenaufbau und die Prüfungsvorbereitung.

80 Seiten, broschiert
ISBN 978-3-86127-732-3

Cadmos Verlag GmbH · Im Dorfe 11 · 22946 Brunsbek
Tel. 04107 8517-0 · Fax 04107 8517-12
Besuchen Sie uns im Internet: **www.cadmos.de**

CADMOS